KB060577

도형이 쉬워지는

인도 베다수학

HITOME DE WAKARU INDO NO SUGAKU

Originally published in Japan by Byakuya-Shobo Co. Ltd

Korean edition is published by arrangement with Byakuya-Shobo Co. Ltd through BC Agency

도형이 쉬워지는

인도 베다수학

마키노 다케후미 지음
비바우 칸트 우파데아에 · 가도쿠라 다카시 감수
고선윤 옮김

바이킹

머리말

수학적 사고력을 길러 주는 재미있는 인도수학 책

"인도인이 수학을 잘하는 이유는 구구단을 19단까지 외우기 때문이다."라고 이야기하는 사람들이 있습니다. 그러나 인도 사람들이 뛰어난 수학 실력을 자랑하는 진정한 이유는 단지 암산이나 계산 속도가 빠르기 때문만이 아닙니다. 비밀은 그다음 단계에 숨어 있습니다. 계산도 빠르지만, 무엇보다 폭넓은 사고로 문제를 다양한 각도에서 바라보기 때문에 자연히 수학을 잘하게 되고, 나아가 누구도 생각지 못한 새로운 방법을 창안하게 되는 것입니다.

비슷한 문제만 반복해서 푸는 공부, 시험을 치르기 위한 공부만으로는 수학적 사고력을 기르기 어렵습니다. 물론 인도에서도 시험을 대비한 공부를 하지만, 수학을 훨씬 폭넓고 재미있게 배웁니다. 뿐만 아니라 일상생활과도 연결지을 수 있는 내용들입니다. 이처럼 수학을 즐기면서 공부하는 사람과 시험을 위해 어쩔 수 없이 공부하는 사람의 수학 실력에는 큰 차이가 있을 수밖에 없습니다.

세계 여러 나라에서 '놀이처럼 배우는 재미있는 수학'을 중시하는 인도의 이 같은 교육 방식을 주목하고 있습니다. 학생들의 수학 실력은 곧 그 나라의 국제 경쟁력으로 이어지기 때문입니다. 오늘날 인도가 IT 강국으로 성장할 수 있었던 것도 인도 국민들의 뛰어난 수학 실력 덕분이었습니다.

한 예로 싱가포르에서는 2000년대에 접어들면서 '헤이 매스(Hey Math)'라는 프로젝트를 도입했습니다. '헤이 매스'는 영국 런던에서 일하는 인도 출신의 은행가 니르마라 산카란과 하쉬 라잔이 케임브리지 대학 '밀레니엄 프로젝트'의 협력을 얻어 개발한 프로그램입니다. 이 프로그램은 온라인상에서 학생들이 자신에게 맞는 수학 선생님을 찾아 수학을 단계적으로 재미있게 배울 수 있도록 짜여 있습니다. 또한 이 프로젝트에서는 수학에 대한 흥미 유발을 위해 문제해결 과정에서 애니메이션을 이용하는 방안도 활발하게 연구하고 있습니다.

주입식 수학교육의 문제점을 개선하고 IT 국가로 도약하고자 하는 싱가포르 정부는 '헤이 매스' 프로젝트를 교육 과정에 도입하여 큰 호평을 받았으며, 현재 싱가포르의 고등학교 165개교 중 20퍼센트에 해당하는 35개교에서 운영하고 있습니다. 앞으로 '헤이 매스' 프로젝트를 도입하려는 움직임이 전 세계로 확산되리라고 예상됩니다.

이 책은 인도수학의 계산 방법을 도형과 일러스트를 이용하여 알기 쉽게 설명한 책입니다. 또한 이러한 계산 방법이 어떤 원리에서 생겨났는지에 대해서도 자세하게 설명하고 있어 수학적 사고력을 기르는 데 좋은 길잡이가 될 것이라고 생각합니다. 이 책의 내용들을 일상생활에 적용하다 보면 수학의 세계가 보다 친근하게 느껴질 것입니다.

가도쿠라 다카시

차례

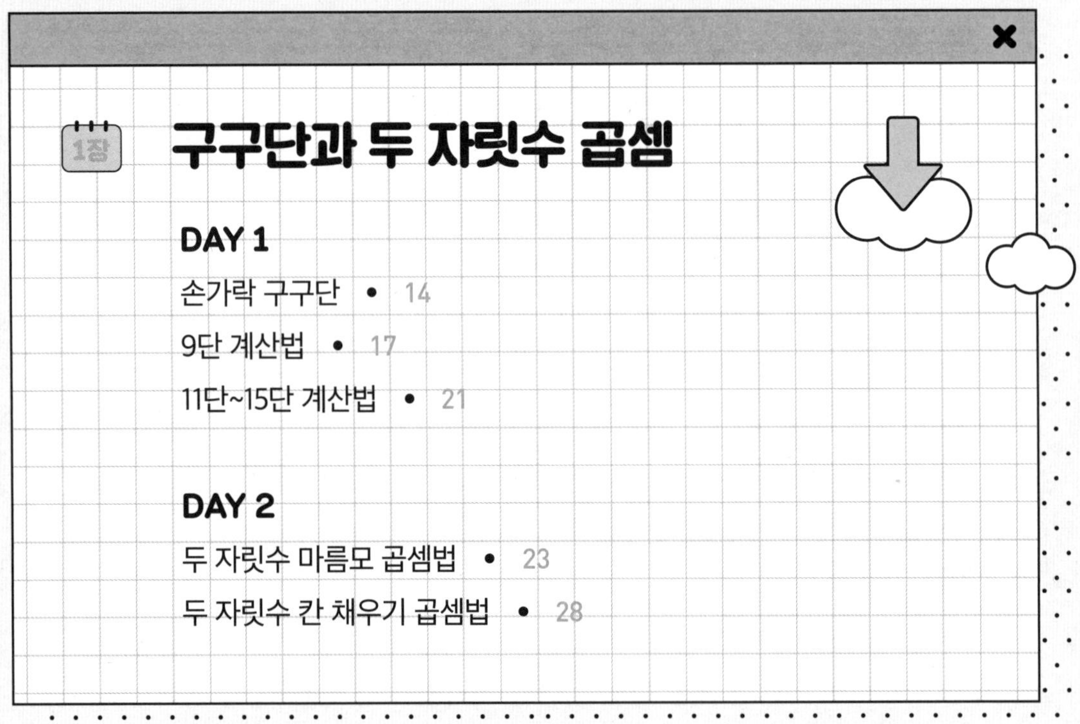

1장 구구단과 두 자릿수 곱셈

DAY 1

DAY 2

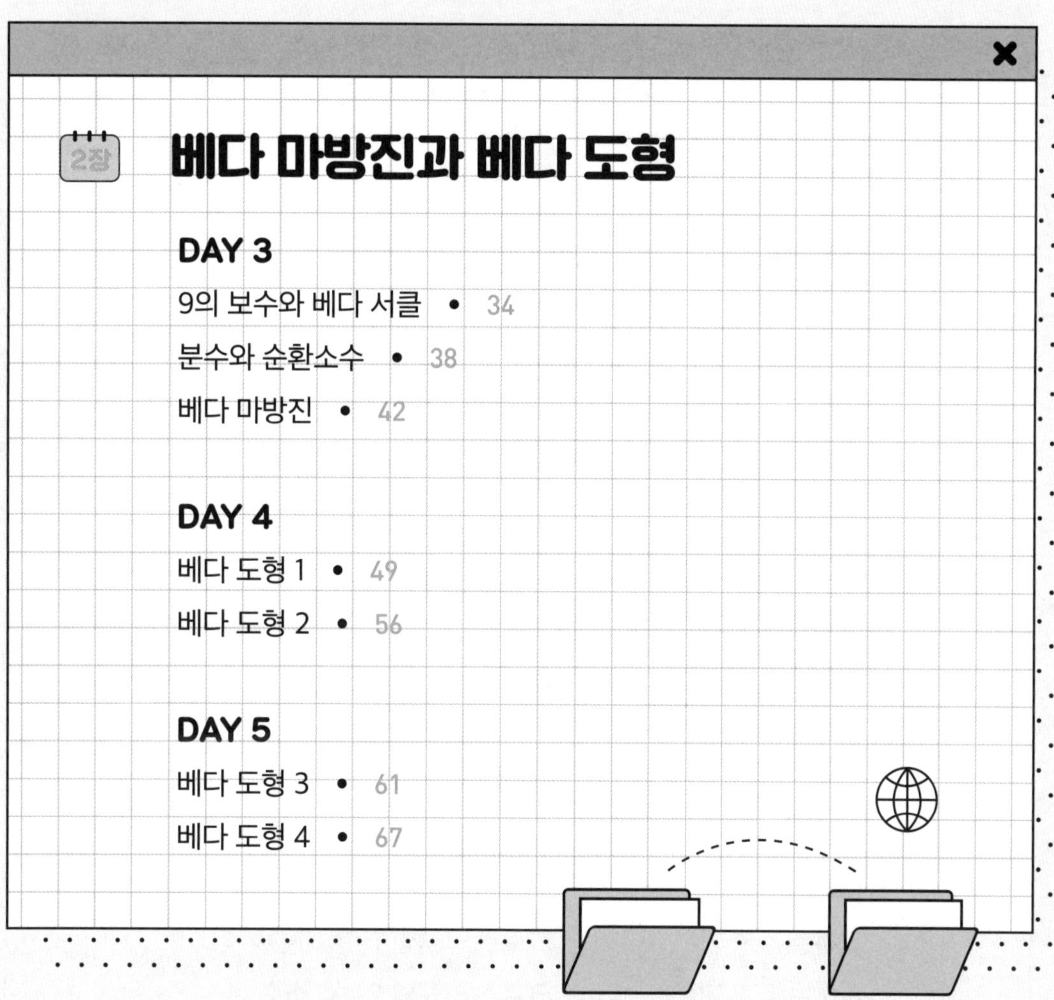

베다 마방진과 베다 도형

DAY 3

DAY 4

DAY 5

3장

도형으로 푸는 곱셈

4장 도형의 넓이

이 책의 활용법

인도수학의 계산 방법은 학교에서 배우는 방법과는 많은 차이가 있습니다. 본문을 읽고 원리를 이해한 다음 연습문제를 풀어 보세요. 계산 방법에 익숙해지도록 구성되어 있습니다.

처음에는 계산하지 말고 읽기만 하자

처음부터 연습문제를 풀 필요는 없습니다. 먼저 본문을 읽고 "이런 계산 방법도 있구나"라고 대강 이해하기만 하면 됩니다. 어려운 내용은 건너뛰어서 나중에 읽어도 상관없어요. 모르는 부분이 있어도 우선 끝까지 읽고, 인도수학이란 어떤 것인지 인식하는 것이 중요합니다.

실제로 연습문제를 풀어 보자

끝까지 읽은 다음에는 다시 한번 처음부터 본문을 읽으면서 각 장의 연습문제를 풀어 보세요. 생각보다 간단하다는 생각이 든다면 머릿속에 인도수학이 자리 잡았다는 증거입니다. 자신감을 가지고 문제를 풀어 봅시다. 어려워서 잘 풀리지 않는 문제는 나중에 다시 보기로 하고 다음 문제로 넘어가는 것이 좋습니다.

'읽기'와 '풀기'를 반복해야 진정한 수학 실력이 생겨요

모르는 문제는 건너뛰고, 알 것 같은 문제를 먼저 푸는 것은 시험은 물론 수학 실력을 키우는 데 매우 효과적인 방법입니다. '읽기'와 '풀기'를 반복해서 원리를 완전히 이해한 문제 수가 많아지다 보면 수학 실력이 몰라보게 좋아질 거예요.

단계별로 원리를 설명해요

계산 방법을 단계별로 차근차근 설명했습니다. 원리를 잘 파악한 다음 꾸준히 연습하면 자유자재로 계산할 수 있습니다.

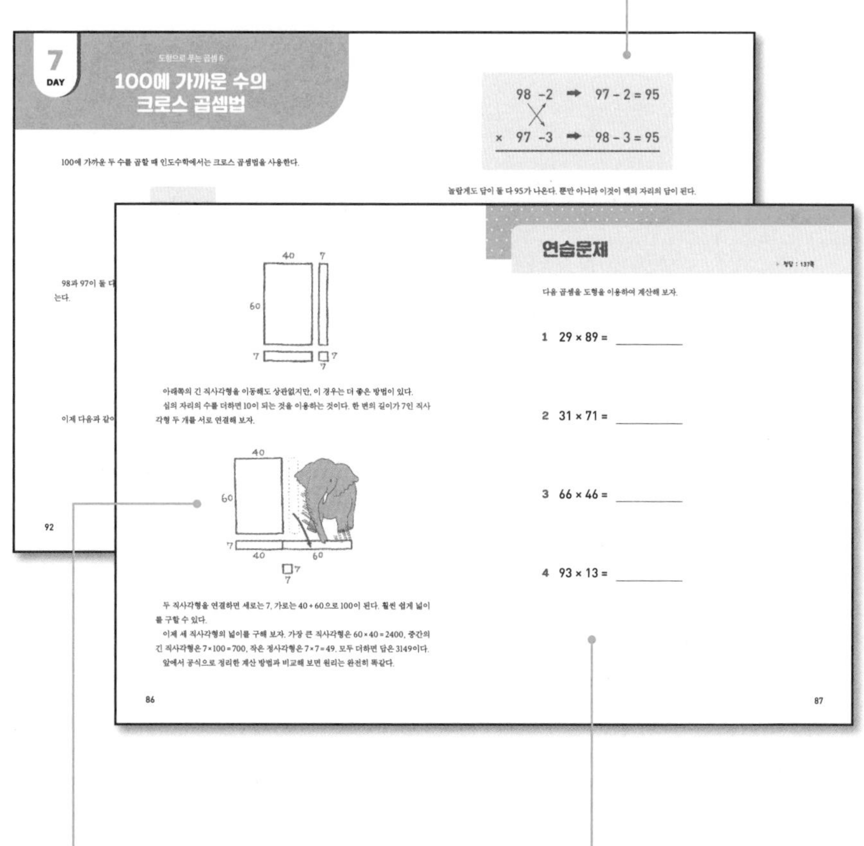

그림으로 쉽게 이해해요

인도수학은 계산 순서를 정확하게 기억하는 것이 중요합니다. 복잡한 계산법도 그림으로 쉽게 이해하면서 익힐 수 있습니다.

연습문제를 풀어 봐요

앞에서 배운 원리를 적용하는 연습문제를 담았습니다. 잘 풀리지 않는 문제는 나중에 다시 도전해 보세요. 복습을 통해 계산 능력을 높일 수 있어요. 한 번 푸는 것으로 끝내지 말고, 여러 차례 반복해 풀어 보세요.

공부 계획표

아래 예시를 활용하여 스스로 공부 계획을 세워 보세요. 이해가 되지 않는 부분은 다시 차근차근 살펴보고, 틀린 문제가 많은 부분은 한 번 더 도전해 보세요.

DAY 1

공부한 날 (월 일)		
연습문제 (16쪽)	연습문제 (19쪽)	연습문제 (22쪽)
4문제	10문제	4문제

DAY 2

공부한 날 (월 일)	
연습문제 (26쪽)	연습문제 (31쪽)
6문제	8문제

DAY 3

공부한 날 (월 일)		
연습문제 (37쪽)	연습문제 (40쪽)	연습문제 (44쪽)
4문제	5문제	9문제

DAY 4

공부한 날 (월 일)	
연습문제 (52쪽)	연습문제 (58쪽)
8문제	8문제

DAY 5

공부한 날 (월 일)	
연습문제 (63쪽)	연습문제 (69쪽)
8문제	1문제

DAY 6

공부한 날 (월 일)		
연습문제 (76쪽)	연습문제 (80쪽)	연습문제 (84쪽)
4문제	4문제	4문제

DAY 7

공부한 날 (월 일)		
연습문제 (87, 91쪽)	연습문제 (96쪽)	연습문제 (99, 102쪽)
8문제	4문제	8문제

DAY 8

공부한 날 (월 일)		
연습문제 (106쪽)	연습문제 (109쪽)	연습문제 (112쪽)
4문제	4문제	4문제

DAY 9

공부한 날 (월 일)		
연습문제 (117쪽)	연습문제 (122쪽)	연습문제 (125쪽)
8문제	4문제	4문제

DAY 10

공부한 날 (월 일)	
연습문제 (128쪽)	연습문제 (132쪽)
4문제	4문제

1장

구구단과 두 자릿수 곱셈

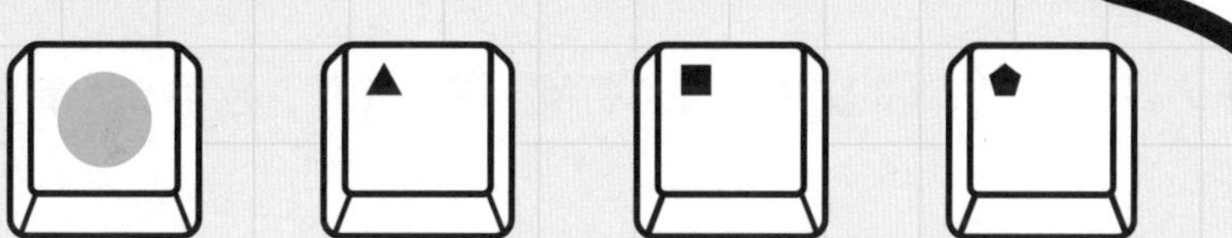

1
DAY

구구단과 두 자릿수 곱셈 1

손가락 구구단

학교에서 배우는 계산 방법은 시간은 오래 걸리지만 어떤 문제도 같은 방법으로 풀 수 있는 반면, 인도수학은 계산 방법을 하나하나 외워야 하기 때문에 번거롭다는 사람도 있다. 인도수학은 책으로 읽을 때는 재미있고 간단해 보이지만, 막상 사용하려고 하면 순서가 기억나지 않는 경우가 많다. 실제로 인도 사람들은 이 같은 계산 방법을 얼마나 외우고 있을까?

놀랍게도 인도 사람들은 계산 순서를 전혀 외우지 않는다. 초등학교 때부터 수에 대한 감각을 철저하게 기르기 때문에 일부러 계산 순서를 외우지 않아도 더 간단하게 계산할 수 있는 방법을 자연스럽게 터득한다.

수에 대한 감각을 기르려면 숫자보다는 구체적인 사물을 보고 계산하는 것이 가장 좋다. 어린아이들이 손가락을 이용해서 덧셈을 하는 것도 수에 대한 감각을 기르는 매우 좋은 방법이다. 손가락을 쓰지 말고 연필로 계산하게 하는 어른들도 있지만, 수에 대한 감각을 기르는 가장 좋은 도구는 바로 손가락이다.

인도의 초등학교에서 사용하는 '손가락 구구단'을 배워 보자. 인도뿐 아니라 러시아, 프랑스, 중국, 미국에서도 사용하는 방법으로, 계산 감각을 기르는 좋은 훈련이 된다.

6×8은 어떻게 계산할까? 답은 물론 48이지만, 손가락으로도 같은 답이 나오는지 알아보자.

먼저 양 손가락으로 6과 8을 만든다. 6은 손가락을 1개, 8은 3개 세우면 된다.

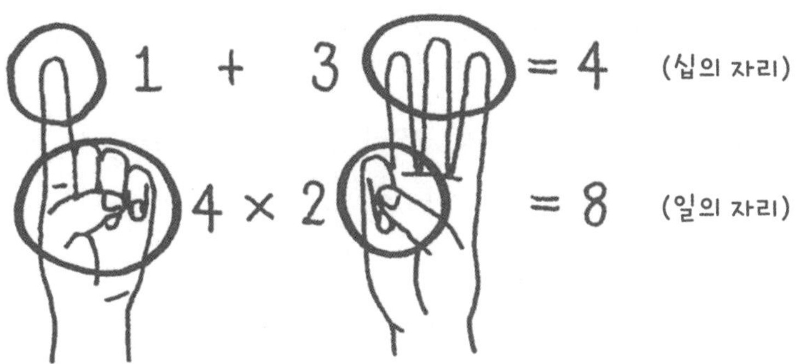

세워져 있는 손가락은 각각 1개와 3개, 구부리고 있는 손가락은 4개와 2개이다.
세워져 있는 손가락은 더하고, 구부리고 있는 손가락은 곱한다.
먼저 십의 자리 값은 세워져 있는 손가락을 모두 더한 4이다.
일의 자리 값은 구부리고 있는 손가락 4와 2를 곱한 8이다.
답은 48. 신기하지 않은가?
같은 방법으로 9×9까지 구할 수 있다.

4개국 손가락 곱셈 회의

연습문제

▶ 정답 : 134쪽

다음 곱셈을 손가락 구구단으로 계산해 보자.(구부린 손가락을 곱한 값, 즉 일의 자리가 10 이상일 때는 십의 자리로 1을 올려 준다.)

1 $6 \times 9 =$ ____________

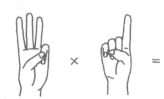

2 $7 \times 7 =$ ____________

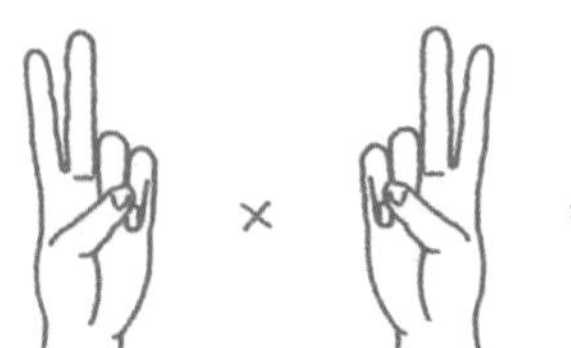

3 $8 \times 6 =$ ____________

4 $9 \times 7 =$ ____________

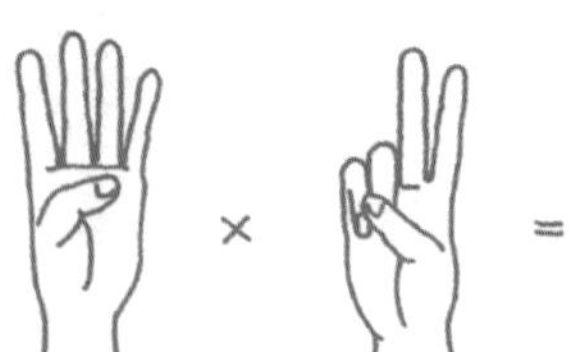

9단 계산법

구구단 9단의 경우에는 손가락으로 계산하는 방법이 하나 더 있다. 9단을 못 외우는 사람은 없겠지만 손가락으로 계산하는 이 방법도 매우 재미있다.

9×3을 살펴보자. 먼저 양 손가락을 쭉 편다.

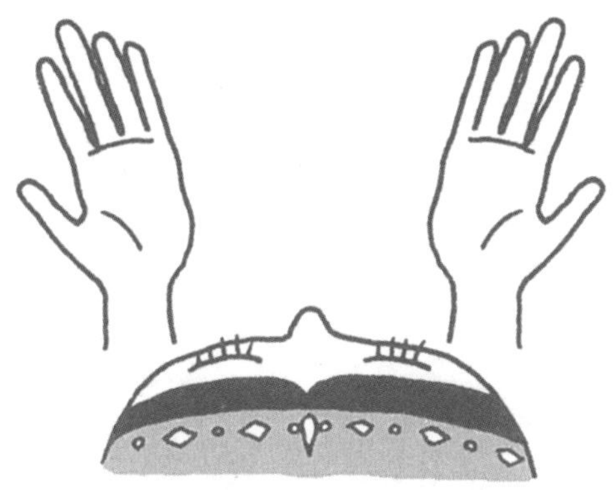

손가락을 쭉 편다

9단의 3을 구해야 하므로, 왼손 세 번째 손가락을 구부린다.

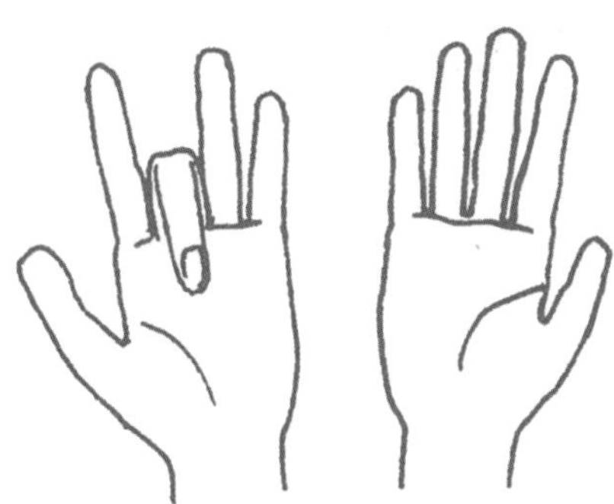

구부린 세 번째 손가락을 기준으로 왼쪽에 2개, 오른쪽에 7개로 나누어진다.

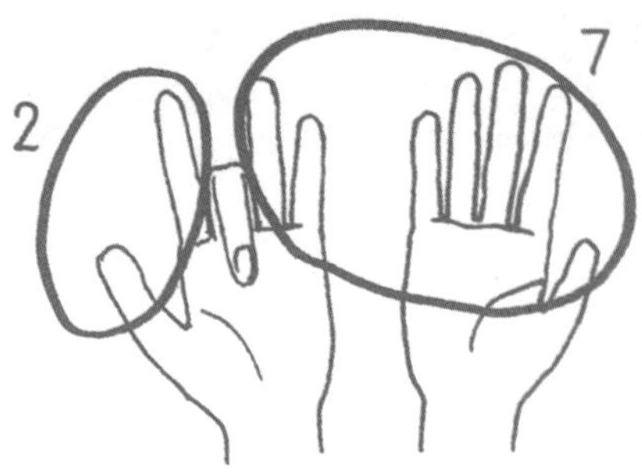

십의 자리 값은 왼쪽의 2, 일의 자리 값은 오른쪽의 7, 답은 27이다.

그럼, 9×6은 어떨까? 마찬가지로 손가락을 펴서 왼쪽에서 여섯 번째 손가락을 구부린다.

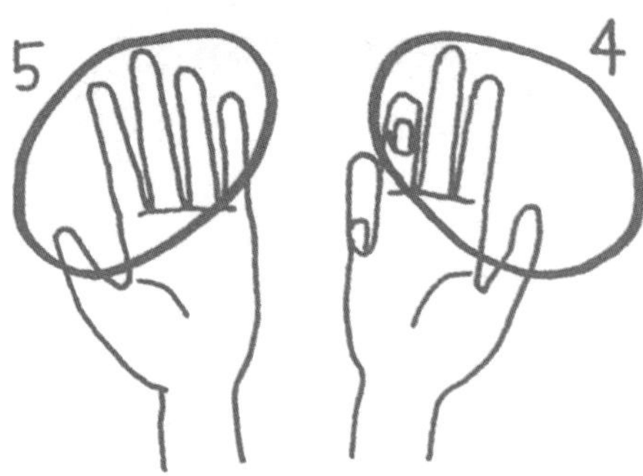

왼쪽은 5, 오른쪽은 4, 답은 54이다.

구구단을 모두 외우고 있는 사람에게는 그다지 필요 없는 방법이지만, 마치 구구단의 비밀을 엿본 것 같지 않은가?

연습문제

▶ 정답 : 134쪽

손가락 구구단으로 9단을 계산해 보자.(구부려야 할 손가락에 표시를 하고, 왼쪽과 오른쪽 손가락을 원으로 묶는다.)

1 9 × 1 = ________

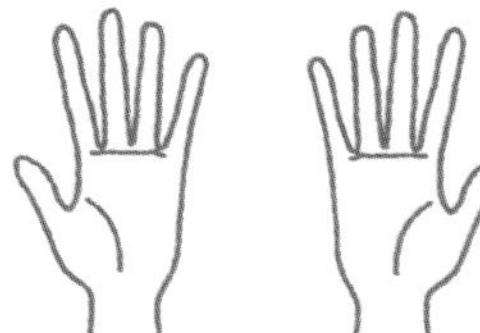

2 9 × 2 = ________

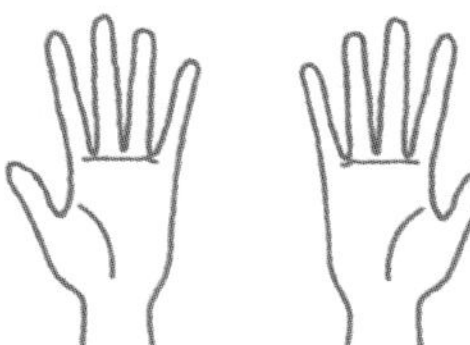

3 9 × 3 = ________

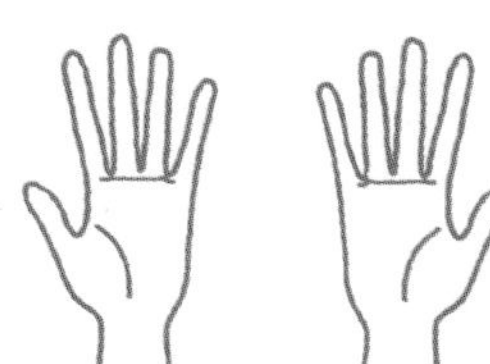

4 9 × 4 = ________

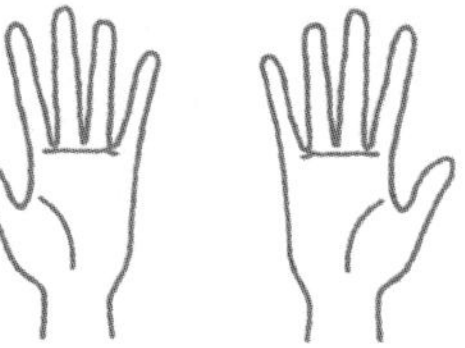

5 $9 \times 5 =$ ____________

6 $9 \times 6 =$ ____________

7 $9 \times 7 =$ ____________

8 $9 \times 8 =$ ____________

9 $9 \times 9 =$ ____________

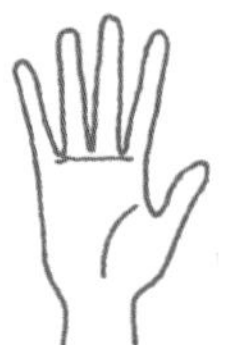

10 $9 \times 10 =$ ____________

구구단과 두 자릿수 곱셈 3

11단 ~ 15단 계산법

11×11부터 15×15까지도 손가락 구구단으로 계산할 수 있다.

예를 들어 14×12를 계산해 보자.

양 손가락으로 14와 12를 만든다. 왼쪽은 4개, 오른쪽은 2개가 세워진다. 이때 10은 생략한 상태라는 것에 주의하자. 10×10=100은 굳이 계산하지 않아도 알 수 있으므로, 실제로 구하는 것은 십의 자리와 일의 자리뿐이다.

세워져 있는 손가락을 더해 십의 자리 값을 구한다. 4+2=6.

세워져 있는 손가락을 곱해 일의 자리 값을 구한다. 4×2=8.

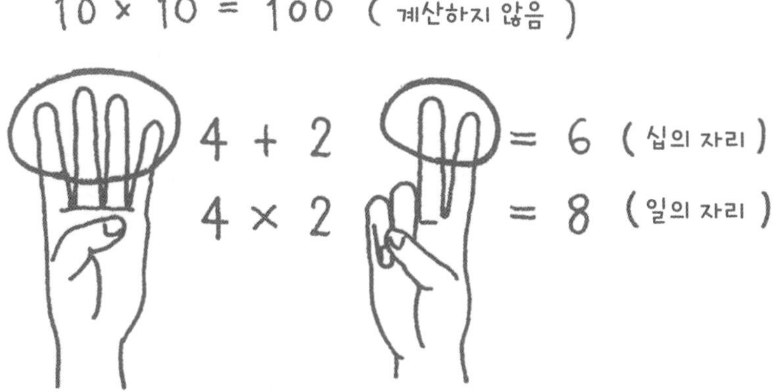

100은 계산하지 않았고, 십의 자리가 6, 일의 자리가 8이므로 답은 168이다. 숫자가 커지면 올림을 해야 할 때도 있지만 방법은 똑같다.

연습문제

▶ 정답 : 134쪽

다음 곱셈을 손가락 구구단으로 계산해 보자.

1 $12 \times 14 =$ ______________

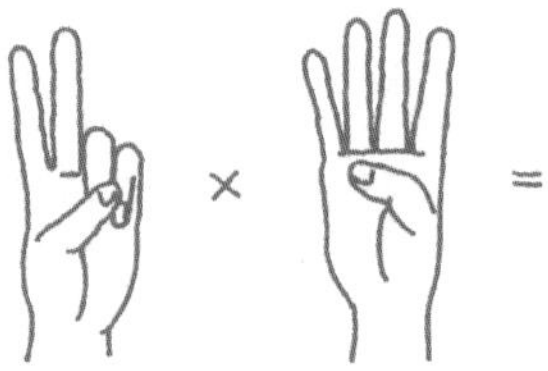

× =

2 $13 \times 15 =$ ______________

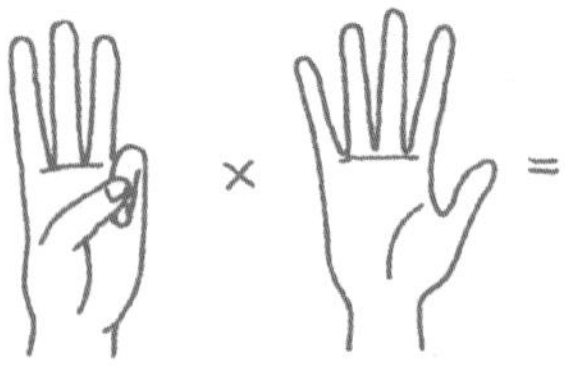

× =

3 $11 \times 11 =$ ______________

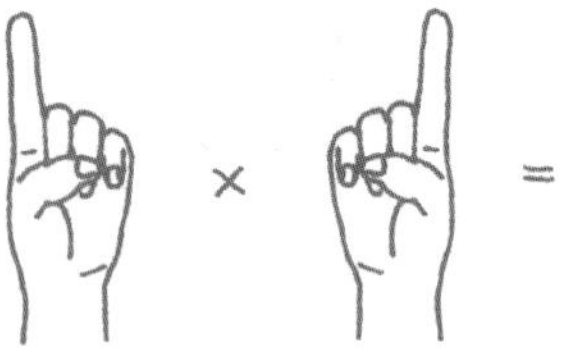

× =

4 $14 \times 14 =$ ______________

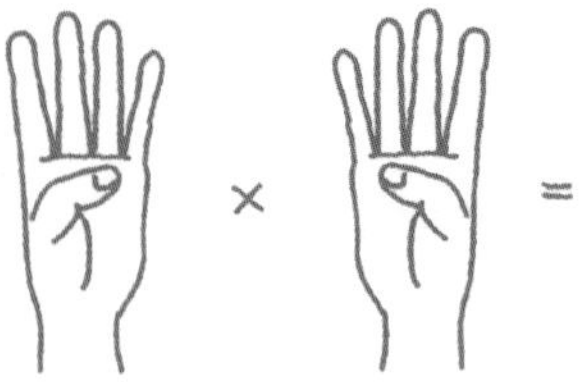

× =

구구단과 두 자릿수 곱셈 4

두 자릿수 마름모 곱셈법

2
DAY

선을 이용하여 두 자릿수 곱셈을 하는 방법이 있다. 마름모 모양으로 선을 그리고 수를 세기만 하면 답이 나오는 신기한 방법이다.

13×24를 계산해 보자.
선을 그릴 때는 십의 자리와 일의 자리를 나누어 그린다.

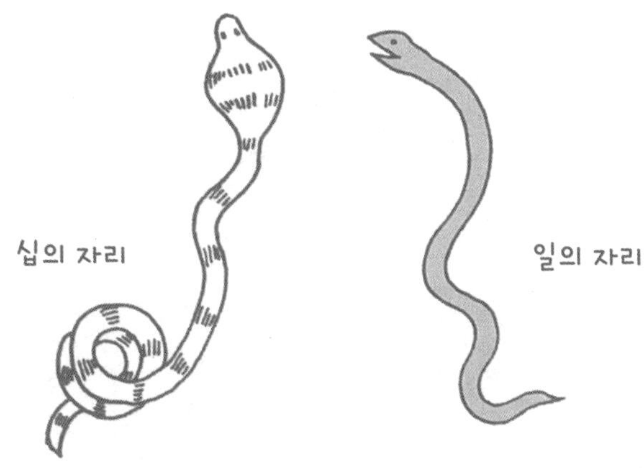

먼저 13. 이때 십의 자리 선과 일의 자리 선은 서로 떨어뜨려 비스듬하게 그린다.

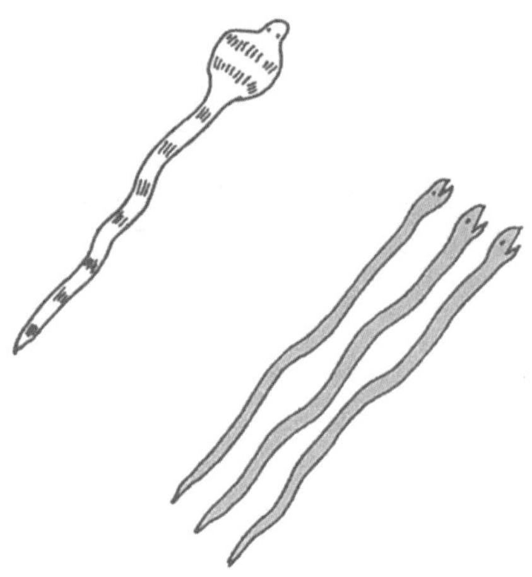

다음은 24. 십의 자리 선 2개와 일의 자리 선 4개를 그리는데, 앞의 13과 각도를 다르게 해서 마름모꼴이 되도록 겹쳐 놓는다.

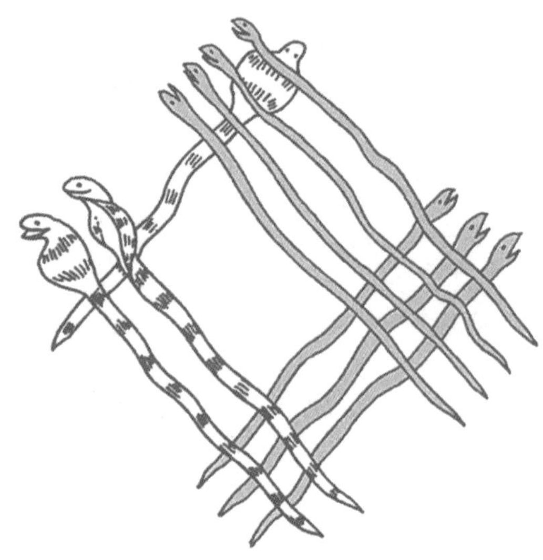

선이 서로 겹쳐진 곳에 동그라미를 그리고 동그라미의 개수를 센다. 가운데 부분은 위아래 동그라미의 수를 모두 더해야 한다. 더한 수가 10이 넘을 때는 덧셈에서와 마찬가지로 왼쪽으로 1을 올려 준다.

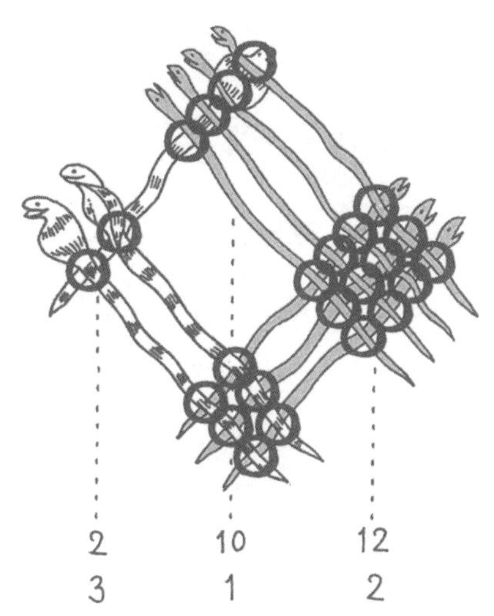

답은 312가 된다.

세 자릿수 곱셈도 마찬가지다. 예를 들어 123×24의 경우,

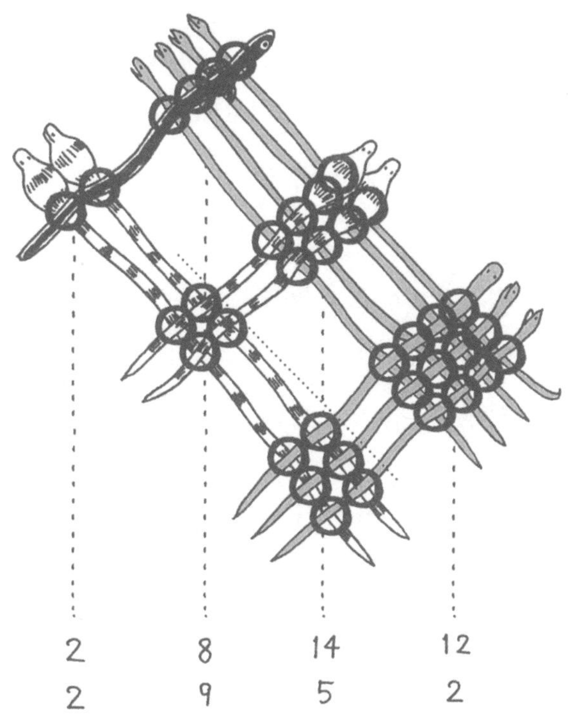

답은 2952이다. 마름모 곱셈법은 자릿수가 많은 곱셈에서도 사용할 수 있다. 선 그리기가 조금 힘들겠지만 말이다.

연습문제

마름모 곱셈법으로 다음 문제를 풀어 보자.

1 $3 \times 4 =$ ____________

2 $7 \times 9 =$ ____________

3 $13 \times 17 =$ ____________

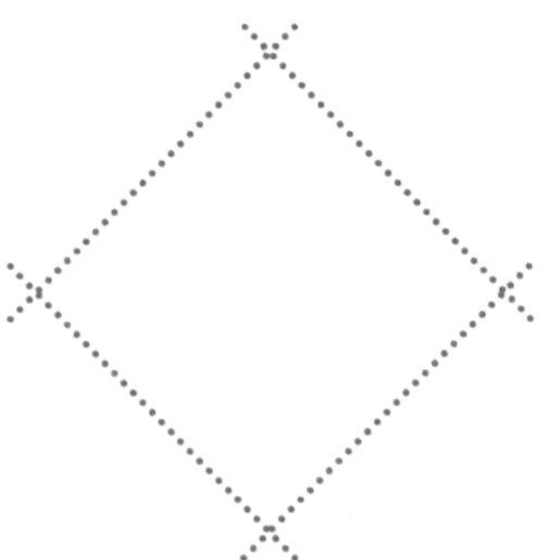

▶ 정답 : 134쪽

4 $21 \times 43 =$ ___________

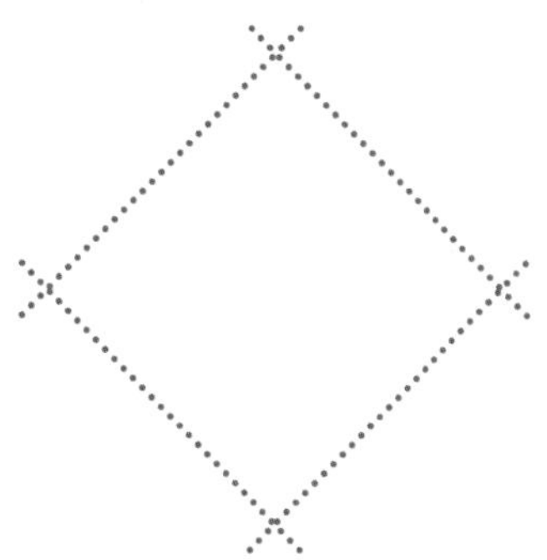

5 $132 \times 43 =$ ___________

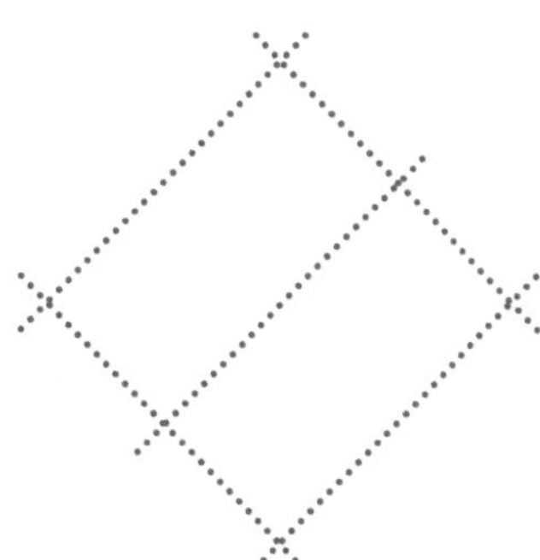

6 $215 \times 32 =$ ___________

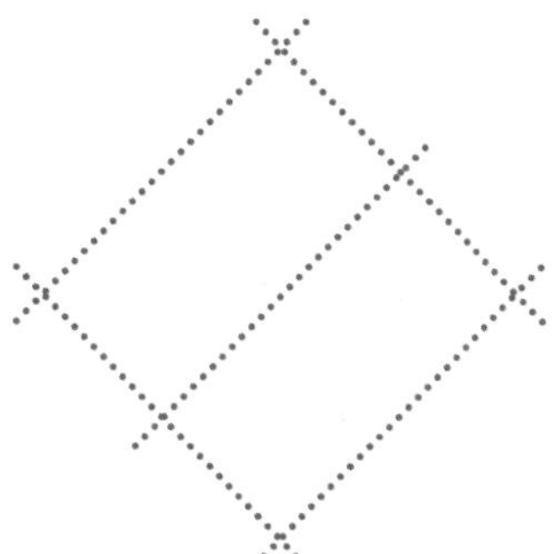

두 자릿수 칸 채우기 곱셈법

이번에는 칸을 이용한 곱셈 방법을 알아보자.
예를 들어 36×41은 어떻게 계산할까?
먼저 36과 41을 아래와 같이 써 놓는다.

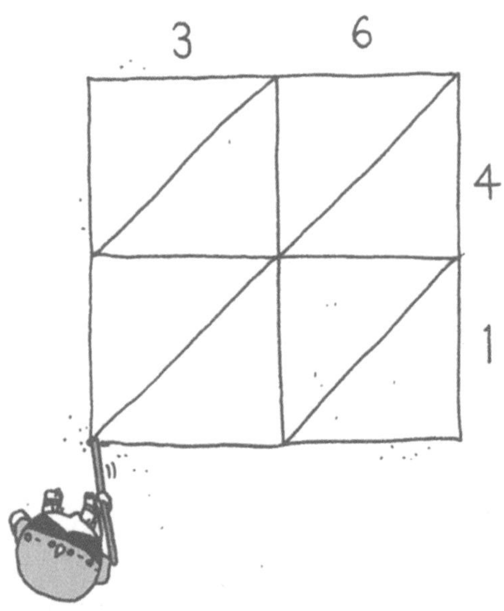

칸 주위에 숫자만 쓰면 되기 때문에 별로 어려울 것이 없다. 계산은 칸 안에서 한다. 먼저 3과 4가 만나는 칸에 3×4의 답인 12를 적는다.

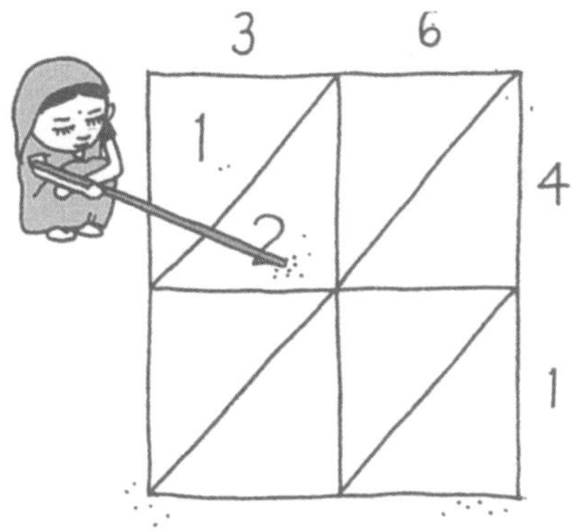

십의 자리는 왼쪽에, 일의 자리는 오른쪽에 적어야 한다. 같은 방법으로 나머지 칸도 모두 채운다.

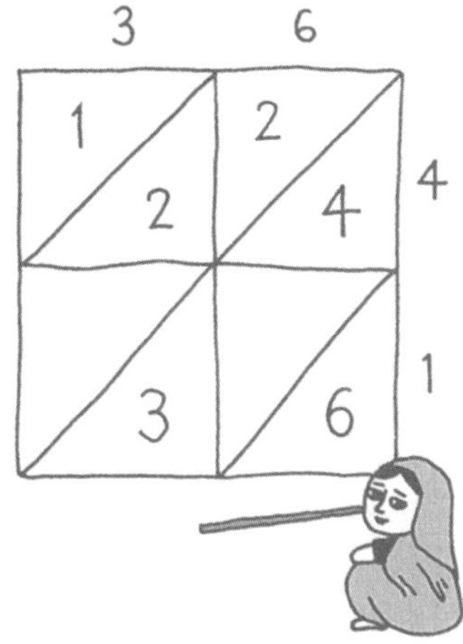

이제 칸 안에 빗금 모양의 띠가 보일 것이다.

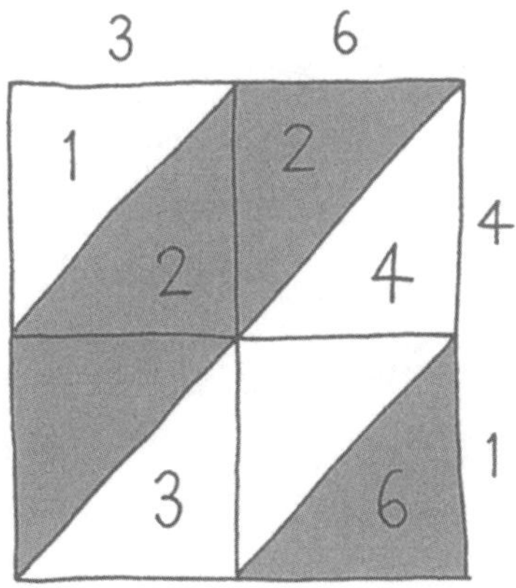

같은 띠 안에 들어 있는 숫자끼리 모두 더해서 칸 아래쪽에 적는다. 10이 넘을 때는 왼쪽으로 올려 준다.

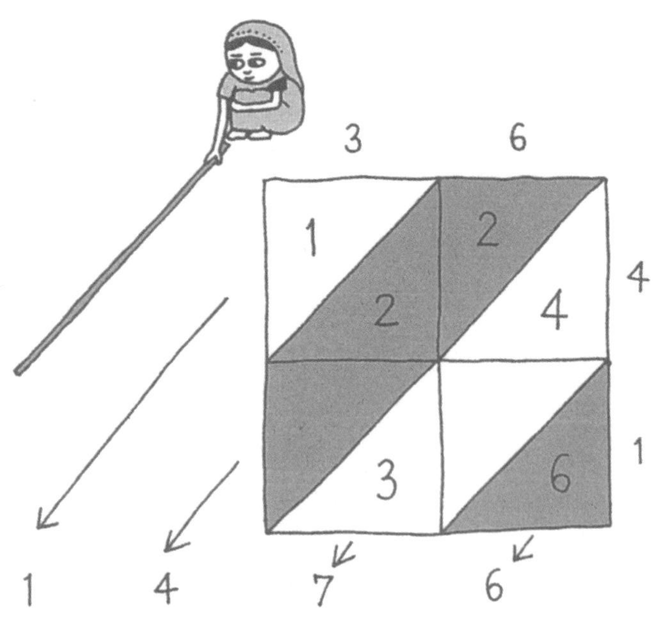

답 1476이 손쉽게 구해진다.

칸 채우기 곱셈법이나 앞에서 소개한 마름모 곱셈법에 대해서 학교에서 배우는 일반적인 계산 방법이 더 빠르고 간단하다고 생각하는 사람도 있을 것이다. 사실 답만 구하려 한다면 일반적인 방법을 쓰는 것이 낫다.

인도수학의 이러한 독특한 계산 방법은 계산을 빨리 할 수 있는 특별한 방법이라기보다는 계산 과정을 그림으로 시각화한 것이다. 인도 사람들이 색다른 계산법을 외우고 있는 것은 아니다. 인도의 학생들은 이 같은 방법을 통해 계산 구조와 수의 성질을 이해하기 때문에 계산 순서를 모르더라도 자연스럽게 간편하고 효율적인 계산 방법을 찾아낸다.

재미 삼아 칸 채우기 곱셈이나 마름모 곱셈을 해 보자. 여러분 안에 잠자고 있던 수학 실력이 깨어날 것이다.

연습문제

▶ 정답 : 134쪽

칸 채우기 곱셈법으로 다음 문제를 풀어 보자.

1 34 × 7 = ________

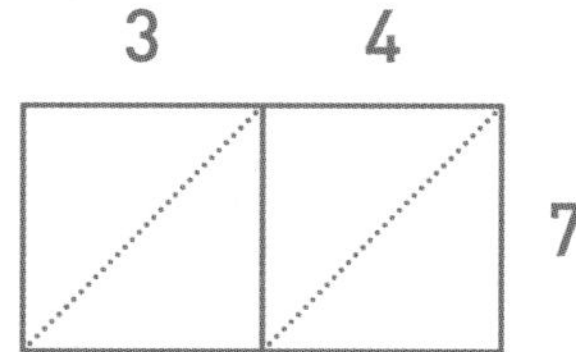

2 84 × 6 = ________

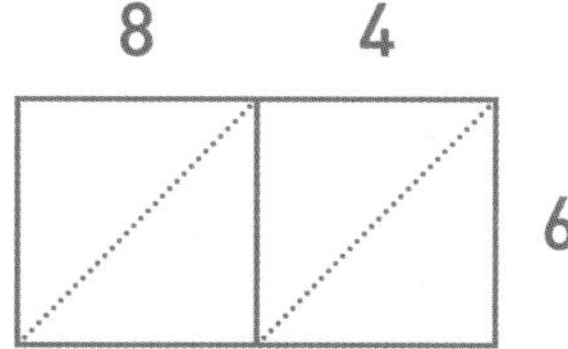

3 32 × 56 = ________

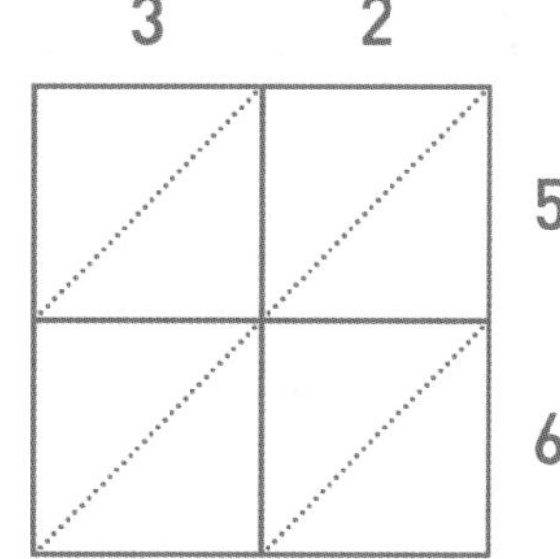

4 93 × 44 = ________

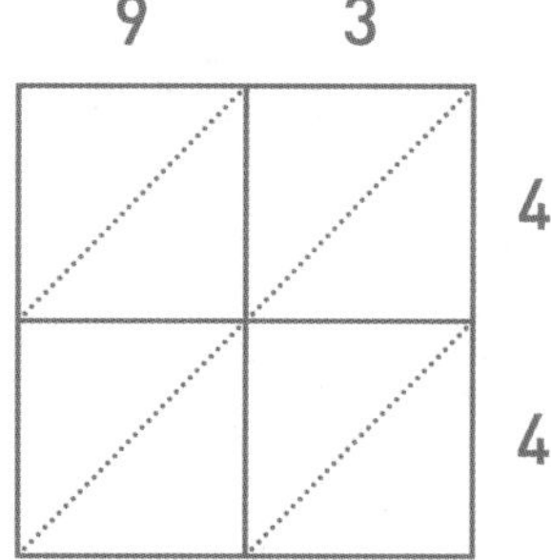

5 134 × 845 = ________

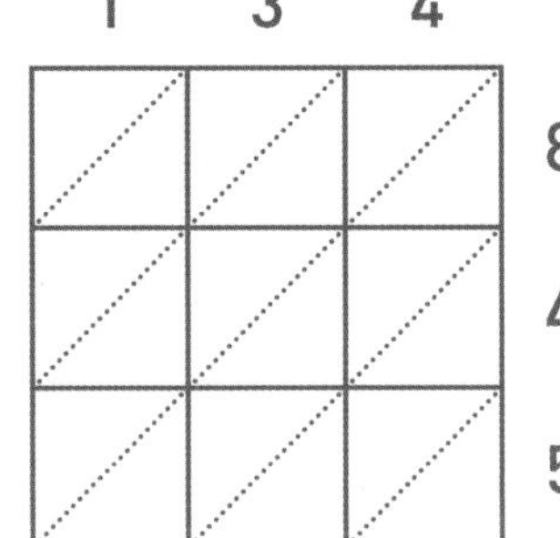

6 326 × 892 = ________

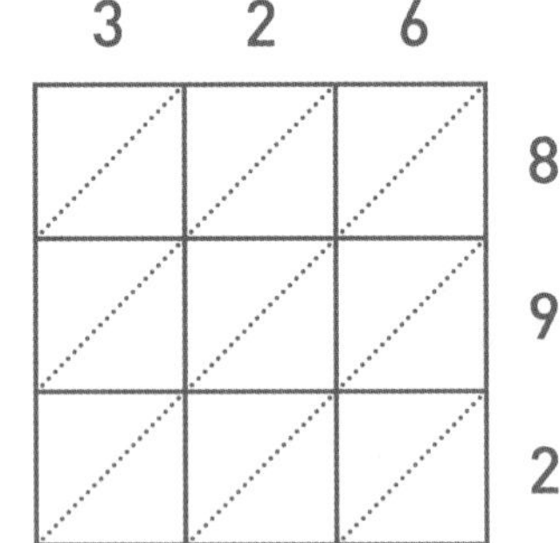

7 1394 × 4529 = ________

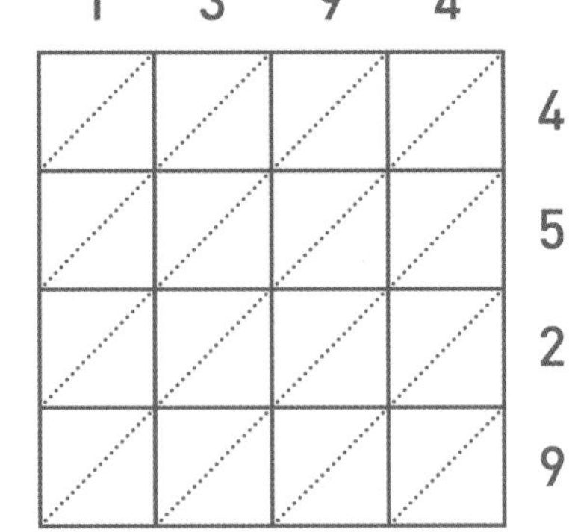

8 9341 × 8452 = ________

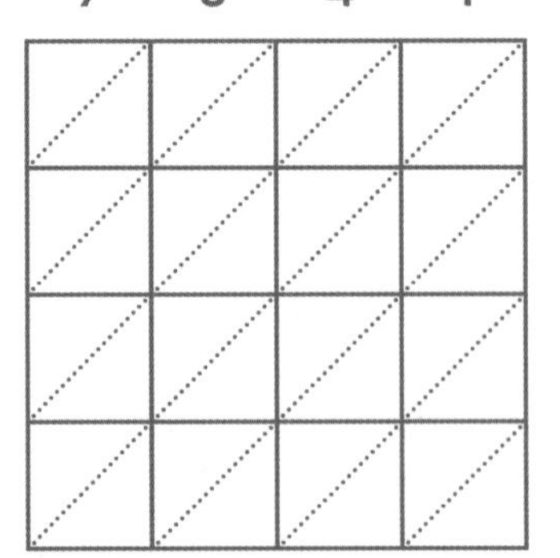

2장

베다 마방진과 베다 도형

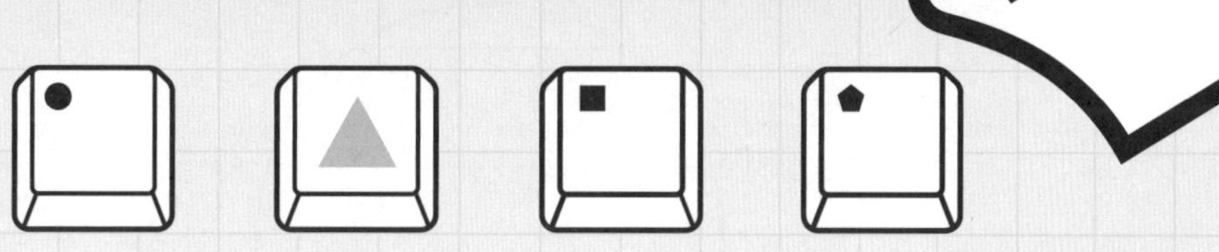

3
DAY

베다 마방진과 베다 도형 1

9의 보수와 베다 서클

인도의 초등학교에서는 수를 이용하여 여러 가지 놀이를 한다. 그중 한 가지를 소개하겠다.

원을 그린 후 1부터 10까지 시계 방향으로 적는다.

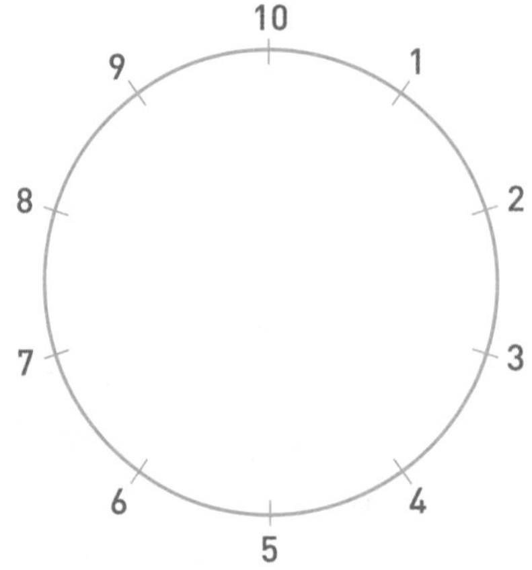

원 안에 아래와 같이 선을 긋는다.

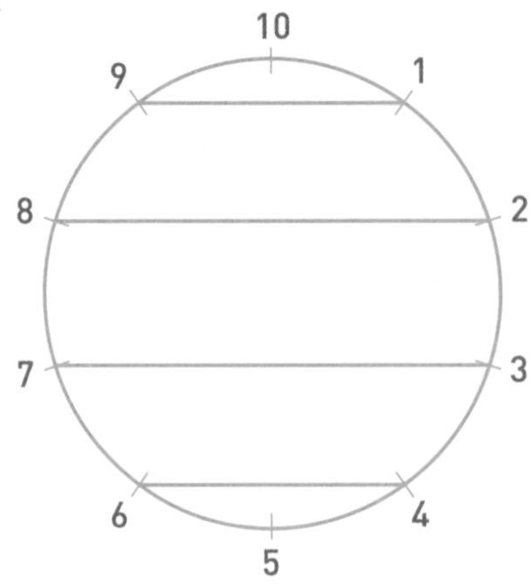

이 그림 속에 수의 비밀이 숨어 있다. 9와 1, 8과 2 같은 조합이 4개 만들어진다.

더하면 10이 되는 조합들이다. 이와 같이 더해서 일정한 수가 되게 하는 수를 '보수'라고 한다. 예를 들어 10을 기준으로 8의 보수는 2, 7의 보수는 3, 6의 보수는 4이다.

물론 보수라는 어려운 수학 용어를 기억할 필요는 없다. 이처럼 원을 이용해서 그 개념을 이해하기만 하면 된다.

그렇다면 1부터 10까지가 아니라 1부터 9까지 적은 원은 어떨까?

여기에서도 9의 보수, 즉 더해서 9가 되는 조합을 선으로 연결할 수 있다.

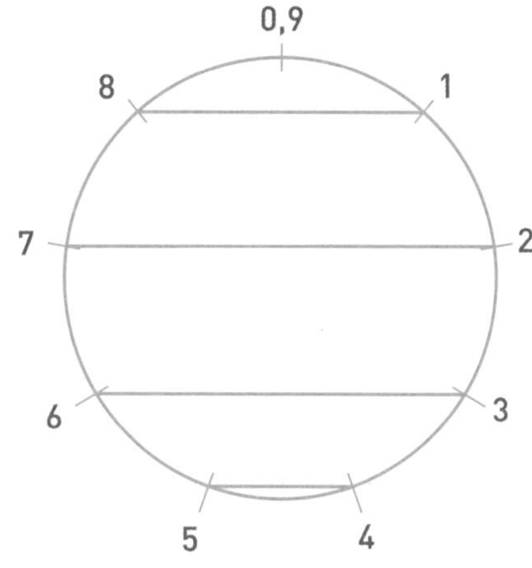

1~9로 된 이 원에는 여러 가지 신기한 성질이 있어서 특별히 '베다 서클(Veda circle)'이라고 부른다.

식당에서 흔히 볼 수 있는 둥근 테이블을 1부터 9까지 숫자가 적혀 있는 '베다 서클'이라고 생각해 보자. 테이블에는 자리가 아홉 개 준비되어 있고, 여기에 사람들이 앉아서 식사를 한다.

첫 번째 사람은 1번 자리에, 두 번째 사람은 2번 자리에 앉는다. 이렇게 해서 아홉 번째 사람은 9번 자리에 앉고, 열 번째 사람은 다시 1번 자리에 앉는다. 열 번째부터는 이미 사람이 앉아 있긴 하지만, 무릎 위에라도 앉는다고 생각하자. 계속해서 열한 번째 사람은 2번 자리에, 열두 번째 사람은 3번 자리에 앉는다.

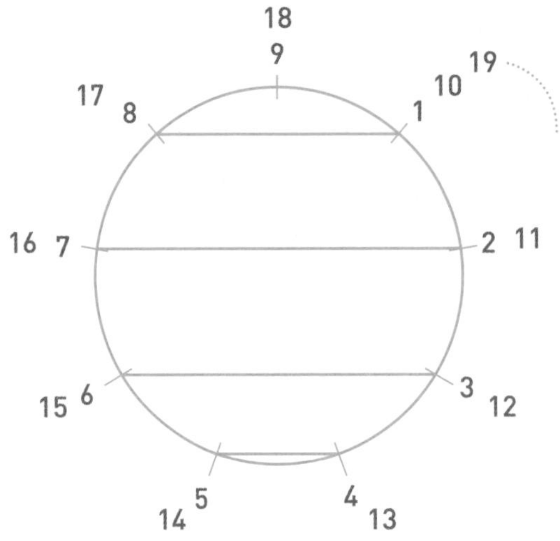

이렇게 계속하다 보면 146번째 사람은 몇 번 자리에 앉게 될까?

대부분의 사람들은 146을 9로 나누면 몫이 16, 나머지가 2이므로 2번 자리라고 대답할 것이다. 물론 정답이다. 그런데 인도수학에서는 한 가지 풀이 방법이 더 있다. 146을 1, 4, 6으로 분해한 다음 모두 더한다.

$$146$$
$$1 + 4 + 6 = 11$$

11을 다시 1, 1로 분해하여 더한다. 값이 한 자릿수가 될 때까지 이를 반복한다.

$$11$$
$$1 + 1 = 2$$

마지막에 나온 값이 2이므로, 146번째 사람은 2번 자리에 앉게 된다.

사실 이것은 9로 나누었을 때의 나머지를 구하는 방법과 똑같다. 어떤 수를 9로 나누었을 때 나누어떨어지는지 알고 싶다면 이 방법으로 계산하여 9가 나오면 된다. 9가 아닌 다른 수가 나왔을 때는 그 수가 바로 9로 나누었을 때의 나머지이다.

연습문제

▶ 정답 : 135쪽

둥근 테이블에 1번부터 9번까지 9개의 자리가 있다. 먼저 온 순서대로 1번부터 자리에 앉는다고 하자. 아래의 사람들은 몇 번 자리에 앉게 될까?

1 13452번째 사람 ____________

2 83423번째 사람 ____________

3 93214번째 사람 ____________

4 19344543번째 사람 ____________

3

DAY

베다 마방진과 베다 도형 2

분수와 순환소수

베다 서클을 이용하면 분수를 도형으로도 나타낼 수 있다.

우선 분수 $\frac{1}{7}$을 소수로 바꾸어 보자. 1÷7을 계산하면 된다.

계속 계산해 보아도 소수점 아래가 142857을 반복한다. 이와 같이 같은 숫자가 거듭 되풀이되는 소수를 '순환소수'라고 한다. 이 반복되는 숫자 142857을 순서대로 베다 서클에서 선으로 연결해 보자.

$$
\begin{array}{r}
0.142857 \\
7\overline{)\,10} \\
7 \\
\hline
30 \\
28 \\
\hline
20 \\
14 \\
\hline
60 \\
56 \\
\hline
40 \\
35 \\
\hline
50 \\
49 \\
\hline
1
\end{array}
$$

먼저 1에서 시작해 1과 4를 잇는다. 다음은 4와 2, 2와 8, 8과 5를 연결한다. 마지막 7까지 오면 맨 처음의 1로 되돌아온다.

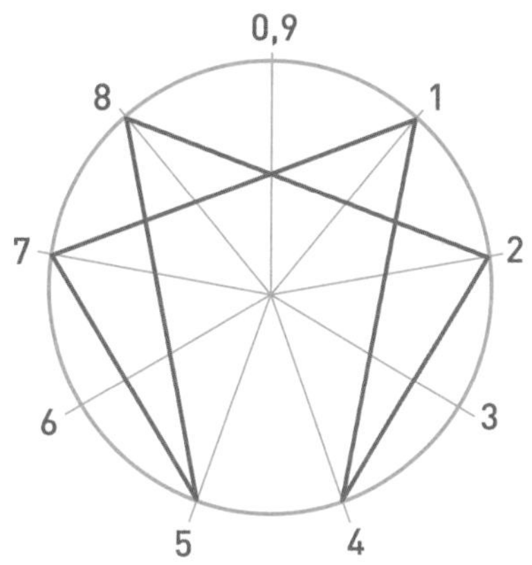

정확하게 좌우대칭을 이루는 아름다운 도형이 만들어진다.

그렇다면 $\frac{2}{7}$는 어떨까?

$$2 \div 7 = 0.285714\cdots$$

$\frac{2}{7}$를 소수로 바꾸면 0.285714…가 되고, 마찬가지로 같은 숫자가 계속 되풀이된다. 이를 베다 서클에서 선으로 연결하면 다음과 같은 모양이 된다.

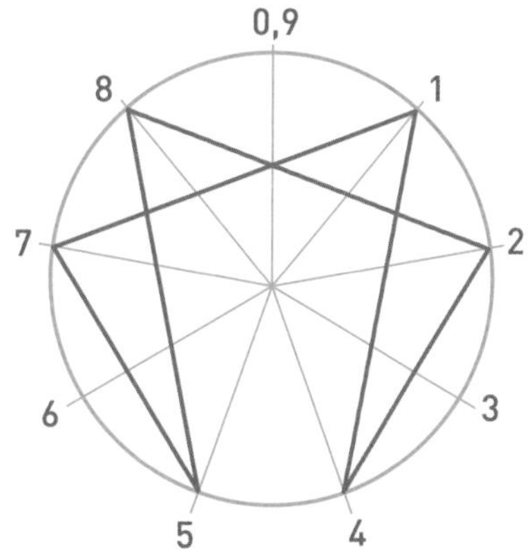

재미있게도 $\frac{1}{7}$과 똑같은 모양이 나타난다. $\frac{3}{7}$, $\frac{4}{7}$, $\frac{5}{7}$, $\frac{6}{7}$도 같은 모양의 도형이 만들어진다.

연습문제

▶ 정답 : 135쪽

$\frac{1}{13}$, $\frac{2}{13}$, $\frac{3}{13}$, $\frac{4}{13}$, $\frac{5}{13}$를 소수로 바꾼 후, 반복되는 숫자들을 베다 서클 안에 선으로 표시해 보자. 어떤 도형이 만들어지는가?

※ 분모가 13인 분수도 순환소수가 된다. 단, 이 분수들은 모두 같은 모양이 아니라, 몇 가지 도형이 반복하면서 등장한다. 또한 $\frac{1}{17}$이나 $\frac{1}{19}$처럼 분모가 소수(1과 그 자신 외에는 나누어떨어지지 않는 자연수)인 분수도 이 같은 도형을 만들 수 있다.

1 $\frac{1}{13}$

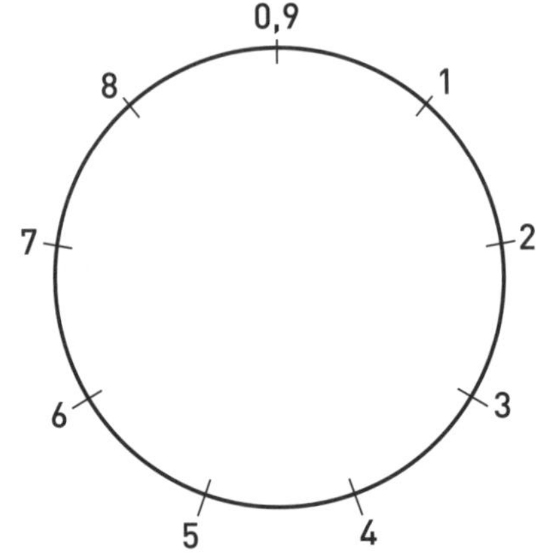

2 $\frac{2}{13}$

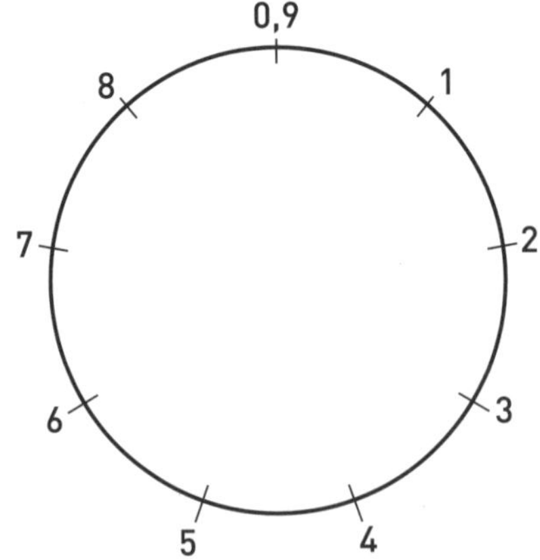

3 $\frac{3}{13}$

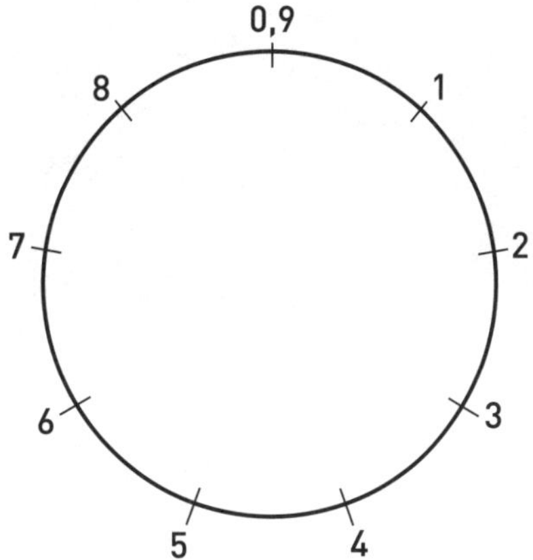

4 $\frac{4}{13}$

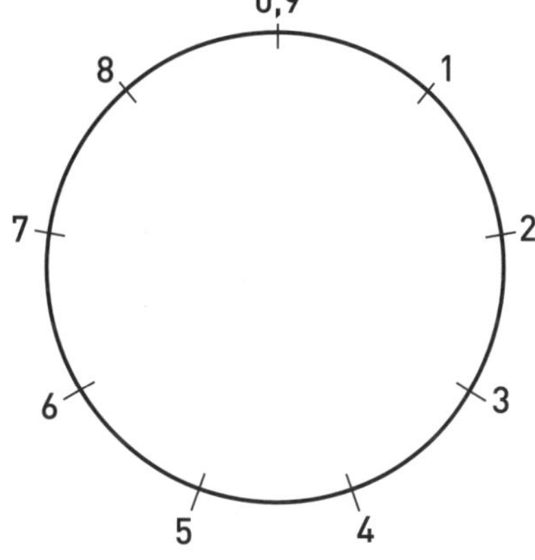

5 $\frac{5}{13}$

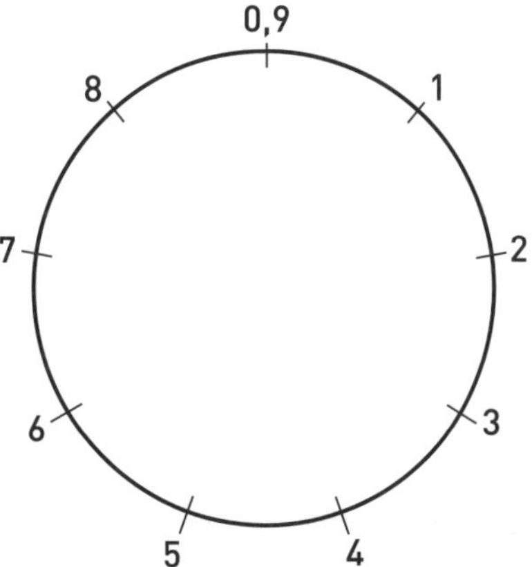

3

DAY

베다 마방진과 베다 도형 3

베다 마방진

앞에서 146을 1, 4, 6으로 분해한 후 각각을 모두 더해 11을 구하고, 11을 다시 1, 1로 분해하여 1+1=2를 구한 것을 기억하는가? 이렇게 자릿수가 큰 수를 따로따로 떼어 내어 더한 값을 '숫자합'이라고 한다.

숫자합으로 '베다 마방진'을 만들 수 있는데, 여기에는 매우 재미있는 수학의 원리가 숨어 있다.

먼저 베다 마방진의 기본이 되는 일반적인 구구단 표부터 살펴보자.

	1	2	3	4	5	6	7	8	9
1	1	2	3	4	5	6	7	8	9
2	2	4	6	8	10	12	14	16	18
3	3	6	9	12	15	18	21	24	27
4	4	8	12	16	20	24	28	32	36
5	5	10	15	20	25	30	35	40	45
6	6	12	18	24	30	36	42	48	54
7	7	14	21	28	35	42	49	56	63
8	8	16	24	32	40	48	56	64	72
9	9	18	27	36	45	54	63	72	81

구구단 표

그런데 아래의 표는 조금 다르다. 표 안의 숫자가 모두 구구단 값의 숫자합으로 이루어져 있다. 예를 들어 7×8=56의 경우 5와 6을 더하면 11, 다시 1과 1을 더하면 2이므로, 7×8의 자리에 2가 들어간다. 이렇게 하면 모든 숫자가 한 자릿수가 된다.

이것이 베다 마방진이다.

	1	2	3	4	5	6	7	8	9
1	1	2	3	4	5	6	7	8	9
2	2	4	6	8	1	3	5	7	9
3	3	6	9	3	6	9	3	6	9
4	4	8	3	7	2	6	1	5	9
5	5	1	6	2	7	3	8	4	9
6	6	3	9	6	3	9	6	3	9
7	7	5	3	1	8	6	4	2	9
8	8	7	6	5	4	3	2	1	9
9	9	9	9	9	9	9	9	9	9

베다 마방진

베다 마방진은 1부터 9까지 9개의 숫자로 이루어져 있는데, 각각의 숫자가 나열된 모습을 살펴보면 재미있는 점을 발견할 수 있다.

다음 연습문제를 풀면서 1~9의 숫자가 각각 어떤 형태로 나열되어 있는지 살펴보자.

연습문제

1 베다 마방진에서 1을 모두 찾아 동그라미로 표시해 보자.

	1	2	3	4	5	6	7	8	9
1	1	2	3	4	5	6	7	8	9
2	2	4	6	8	1	3	5	7	9
3	3	6	9	3	6	9	3	6	9
4	4	8	3	7	2	6	1	5	9
5	5	1	6	2	7	3	8	4	9
6	6	3	9	6	3	9	6	3	9
7	7	5	3	1	8	6	4	2	9
8	8	7	6	5	4	3	2	1	9
9	9	9	9	9	9	9	9	9	9

2 베다 마방진에서 2를 모두 찾아 동그라미로 표시해 보자.

	1	2	3	4	5	6	7	8	9
1	1	2	3	4	5	6	7	8	9
2	2	4	6	8	1	3	5	7	9
3	3	6	9	3	6	9	3	6	9
4	4	8	3	7	2	6	1	5	9
5	5	1	6	2	7	3	8	4	9
6	6	3	9	6	3	9	6	3	9
7	7	5	3	1	8	6	4	2	9
8	8	7	6	5	4	3	2	1	9
9	9	9	9	9	9	9	9	9	9

▶ 정답 : 135쪽

3 베다 마방진에서 3을 모두 찾아 동그라미로 표시해 보자.

	1	2	3	4	5	6	7	8	9
1	1	2	3	4	5	6	7	8	9
2	2	4	6	8	1	3	5	7	9
3	3	6	9	3	6	9	3	6	9
4	4	8	3	7	2	6	1	5	9
5	5	1	6	2	7	3	8	4	9
6	6	3	9	6	3	9	6	3	9
7	7	5	3	1	8	6	4	2	9
8	8	7	6	5	4	3	2	1	9
9	9	9	9	9	9	9	9	9	9

4 베다 마방진에서 4를 모두 찾아 동그라미로 표시해 보자.

	1	2	3	4	5	6	7	8	9
1	1	2	3	4	5	6	7	8	9
2	2	4	6	8	1	3	5	7	9
3	3	6	9	3	6	9	3	6	9
4	4	8	3	7	2	6	1	5	9
5	5	1	6	2	7	3	8	4	9
6	6	3	9	6	3	9	6	3	9
7	7	5	3	1	8	6	4	2	9
8	8	7	6	5	4	3	2	1	9
9	9	9	9	9	9	9	9	9	9

5 베다 마방진에서 5를 모두 찾아 동그라미로 표시해 보자.

	1	2	3	4	5	6	7	8	9
1	1	2	3	4	5	6	7	8	9
2	2	4	6	8	1	3	5	7	9
3	3	6	9	3	6	9	3	6	9
4	4	8	3	7	2	6	1	5	9
5	5	1	6	2	7	3	8	4	9
6	6	3	9	6	3	9	6	3	9
7	7	5	3	1	8	6	4	2	9
8	8	7	6	5	4	3	2	1	9
9	9	9	9	9	9	9	9	9	9

6 베다 마방진에서 6을 모두 찾아 동그라미로 표시해 보자.

	1	2	3	4	5	6	7	8	9
1	1	2	3	4	5	6	7	8	9
2	2	4	6	8	1	3	5	7	9
3	3	6	9	3	6	9	3	6	9
4	4	8	3	7	2	6	1	5	9
5	5	1	6	2	7	3	8	4	9
6	6	3	9	6	3	9	6	3	9
7	7	5	3	1	8	6	4	2	9
8	8	7	6	5	4	3	2	1	9
9	9	9	9	9	9	9	9	9	9

7 베다 마방진에서 7을 모두 찾아 동그라미로 표시해 보자.

	1	2	3	4	5	6	7	8	9
1	1	2	3	4	5	6	7	8	9
2	2	4	6	8	1	3	5	7	9
3	3	6	9	3	6	9	3	6	9
4	4	8	3	7	2	6	1	5	9
5	5	1	6	2	7	3	8	4	9
6	6	3	9	6	3	9	6	3	9
7	7	5	3	1	8	6	4	2	9
8	8	7	6	5	4	3	2	1	9
9	9	9	9	9	9	9	9	9	9

8 베다 마방진에서 8을 모두 찾아 동그라미로 표시해 보자.

	1	2	3	4	5	6	7	8	9
1	1	2	3	4	5	6	7	8	9
2	2	4	6	8	1	3	5	7	9
3	3	6	9	3	6	9	3	6	9
4	4	8	3	7	2	6	1	5	9
5	5	1	6	2	7	3	8	4	9
6	6	3	9	6	3	9	6	3	9
7	7	5	3	1	8	6	4	2	9
8	8	7	6	5	4	3	2	1	9
9	9	9	9	9	9	9	9	9	9

9 베다 마방진에서 9를 모두 찾아 동그라미로 표시해 보자.

	1	2	3	4	5	6	7	8	9
1	1	2	3	4	5	6	7	8	9
2	2	4	6	8	1	3	5	7	9
3	3	6	9	3	6	9	3	6	9
4	4	8	3	7	2	6	1	5	9
5	5	1	6	2	7	3	8	4	9
6	6	3	9	6	3	9	6	3	9
7	7	5	3	1	8	6	4	2	9
8	8	7	6	5	4	3	2	1	9
9	9	9	9	9	9	9	9	9	9

베다 마방진과 베다 도형 4

베다 도형 1

베다 마방진에 1~9를 표시해 보면 어느 숫자든 대칭을 이루고 있다. 또한 1과 8, 2와 7처럼 더해서 9가 되는 수들은 방향만 다를 뿐 같은 모양을 하고 있다.

신기한 점은 이뿐만이 아니다. 이번에는 베다 마방진을 이용해서 도형을 그려 보자.

베다 마방진에서 아무 줄이나 하나 고른다. 여기에서는 네 번째 줄을 골랐다. 가로줄이든 세로줄이든 상관없다. 가로줄과 세로줄의 숫자가 서로 일치하기 때문이다.

	1	2	3	4	5	6	7	8	9
1	1	2	3	4	5	6	7	8	9
2	2	4	6	8	1	3	5	7	9
3	3	6	9	3	6	9	3	6	9
4	4	8	3	7	2	6	1	5	9
5	5	1	6	2	7	3	8	4	9
6	6	3	9	6	3	9	6	3	9
7	7	5	3	1	8	6	4	2	9
8	8	7	6	5	4	3	2	1	9
9	9	9	9	9	9	9	9	9	9

모눈종이를 준비해서 베다 마방진의 네 번째 줄의 숫자 483726159를 도형으로 나타내 보자.

모눈종이 위 아무 곳에서나 시작해도 된다. 적당한 지점에 연필을 올려놓고 먼저 오른쪽으로 네 칸만큼 선을 긋는다. 다음 숫자 8은 위로 여덟 칸 나아간다. 다음 숫자 3은 다시 직각으로 왼쪽으로 방향을 바꾸어 세 칸 나아간다. 다음은 7. 마찬가지로 아래로 일곱 칸 나아간다.

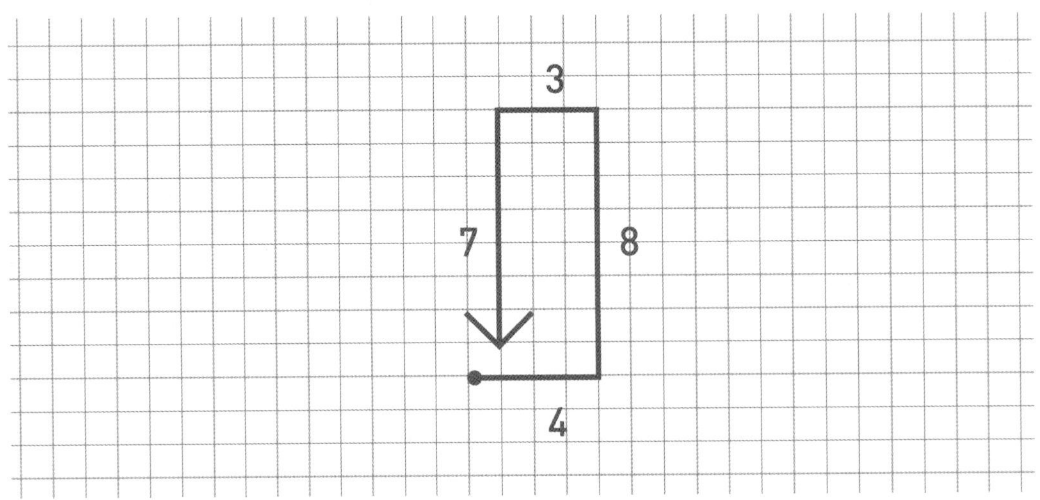

이렇게 왼쪽 방향으로 돌면서 숫자를 하나하나 그린다. 9까지 다 그렸으면 맨 처음 숫자인 4로 돌아와 계속 그려 나간다. 이렇게 그려 나가다 보면 언젠가는 시작 지점으로 되돌아와, 독특한 모양의 도형이 만들어지게 된다.

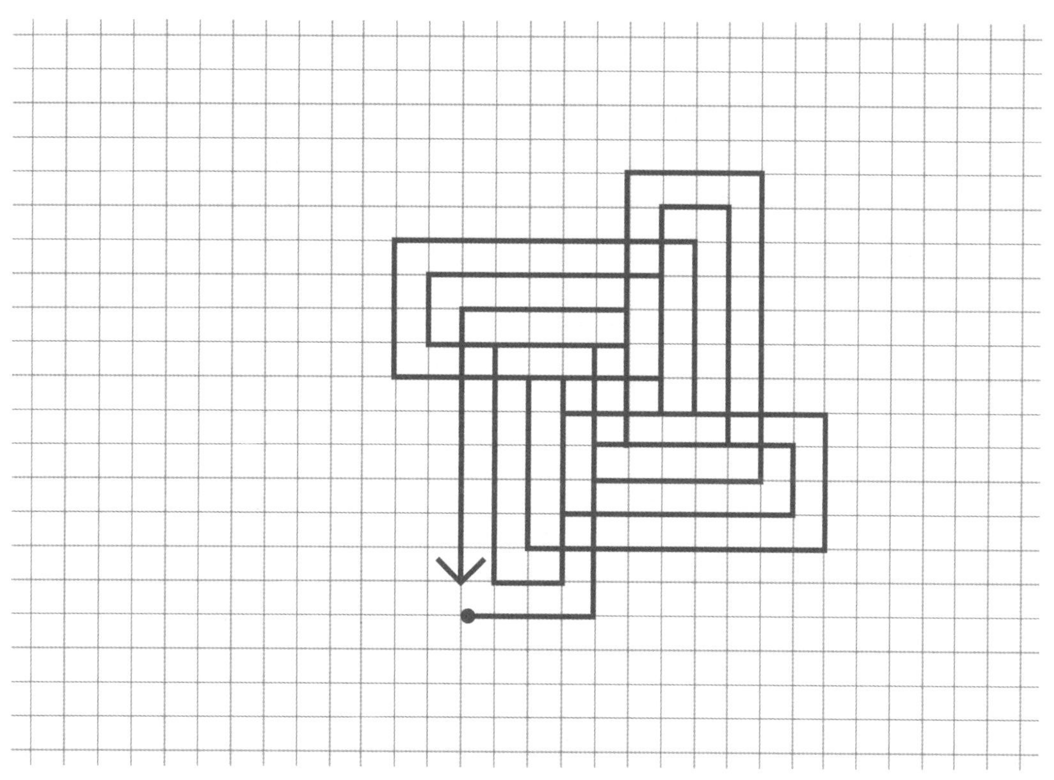

이런 도형을 그리는 것이 무슨 도움이 되는지 반문하는 사람도 있을지 모른다.

하지만 이런 도형을 그려봄으로써 수학의 아름다움을 경험하고 숫자가 지닌 특성을 보다 쉽게 이해할 수 있을 것이다.

연습문제

▶ 정답 : 136쪽

직각으로 방향을 바꾸어 가며 베다 마방진의 숫자들로 베다 도형을 그려 보자.

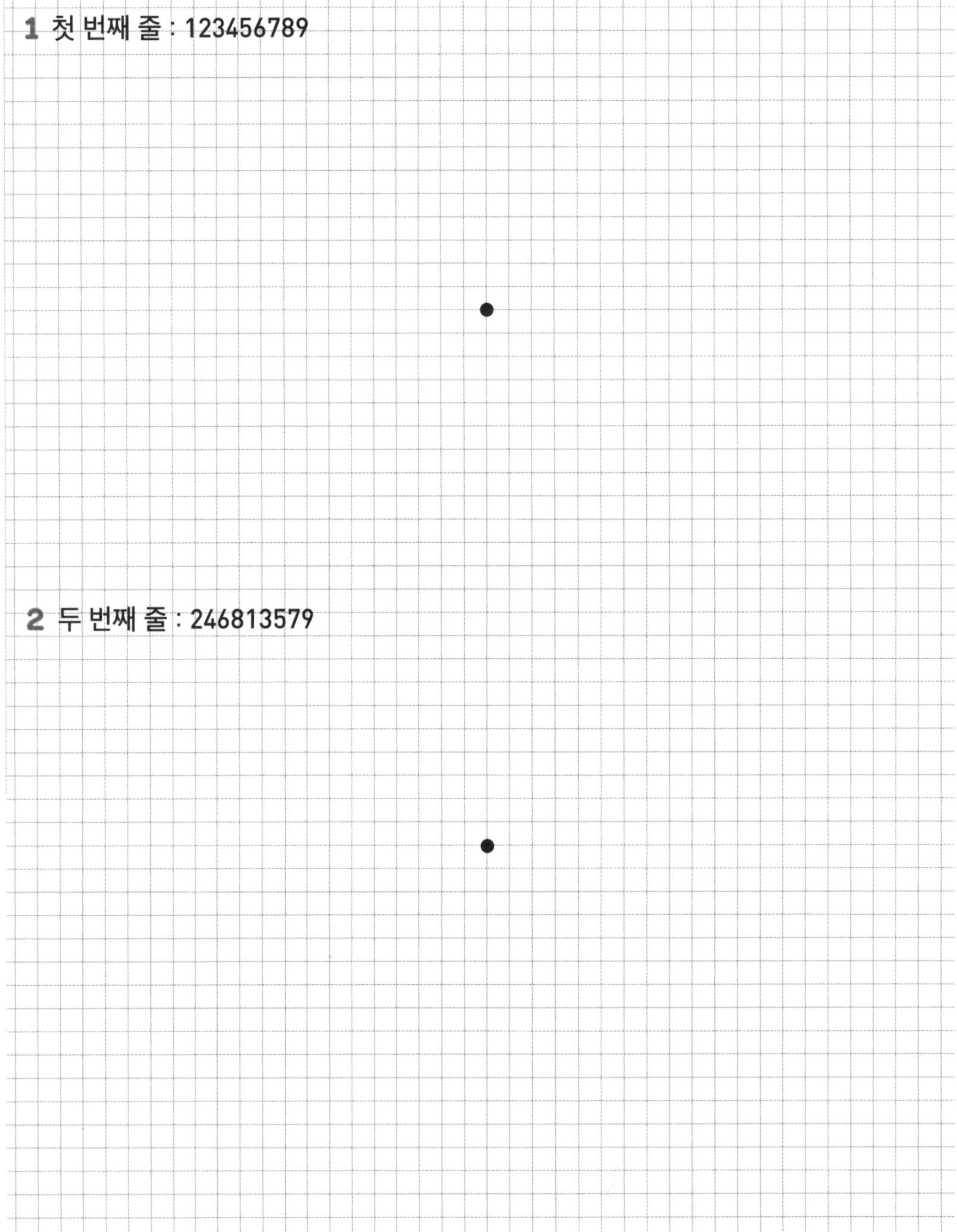
1 첫 번째 줄 : 123456789
2 두 번째 줄 : 246813579

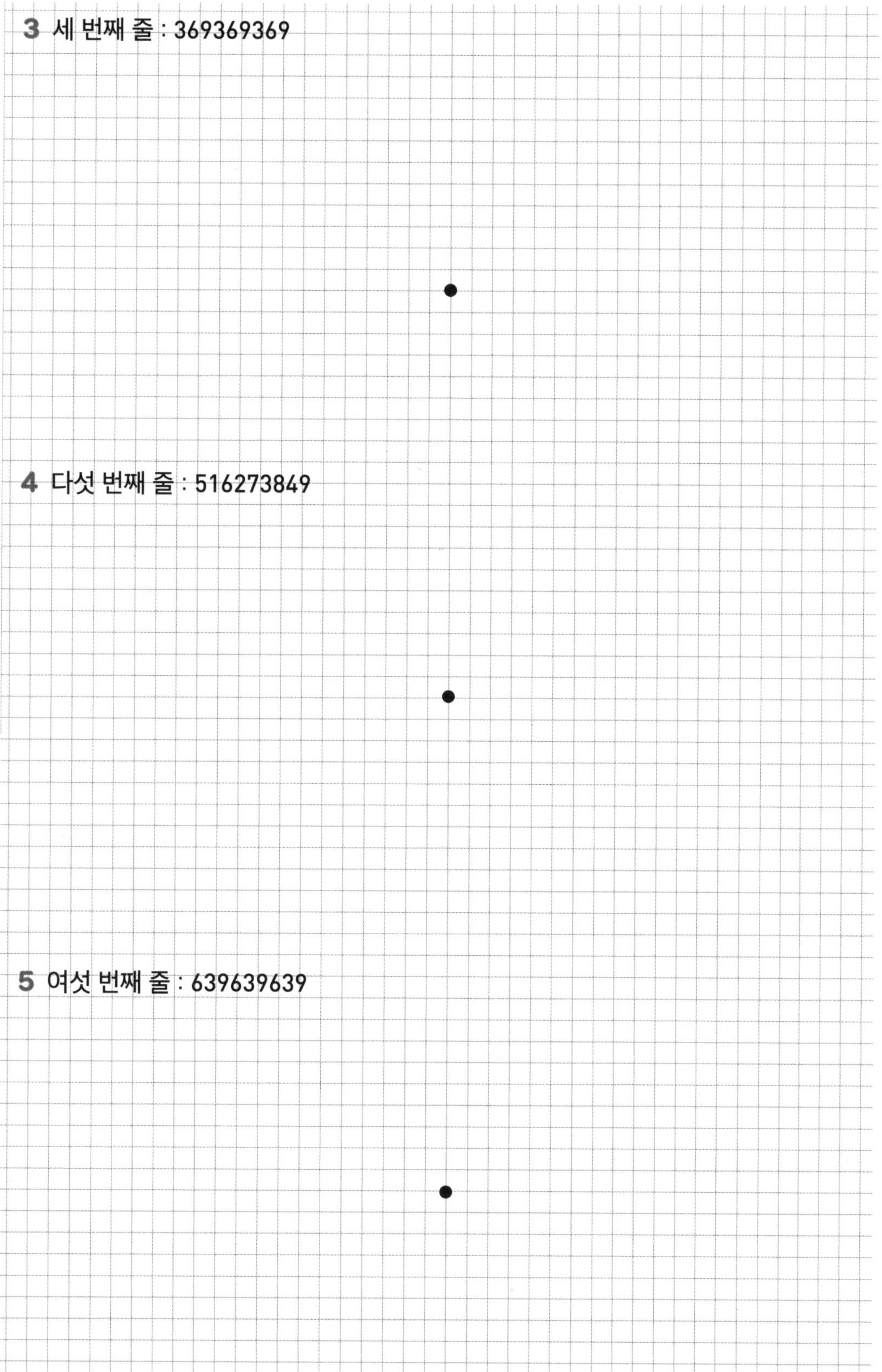
3 세 번째 줄 : 369369369
4 다섯 번째 줄 : 516273849
5 여섯 번째 줄 : 639639639

6 일곱 번째 줄 : 753186429

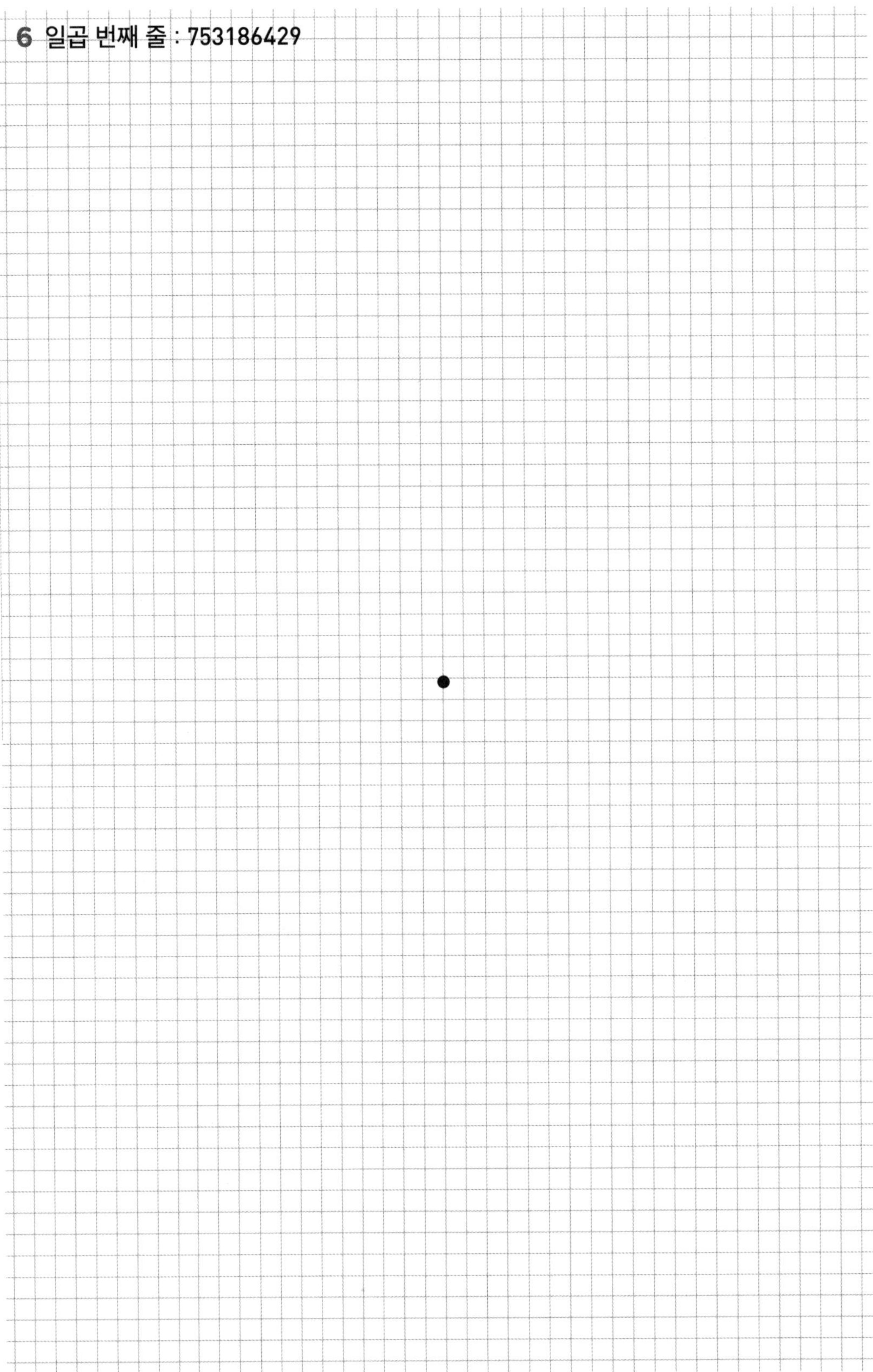

7 여덟 번째 줄 : 876543219

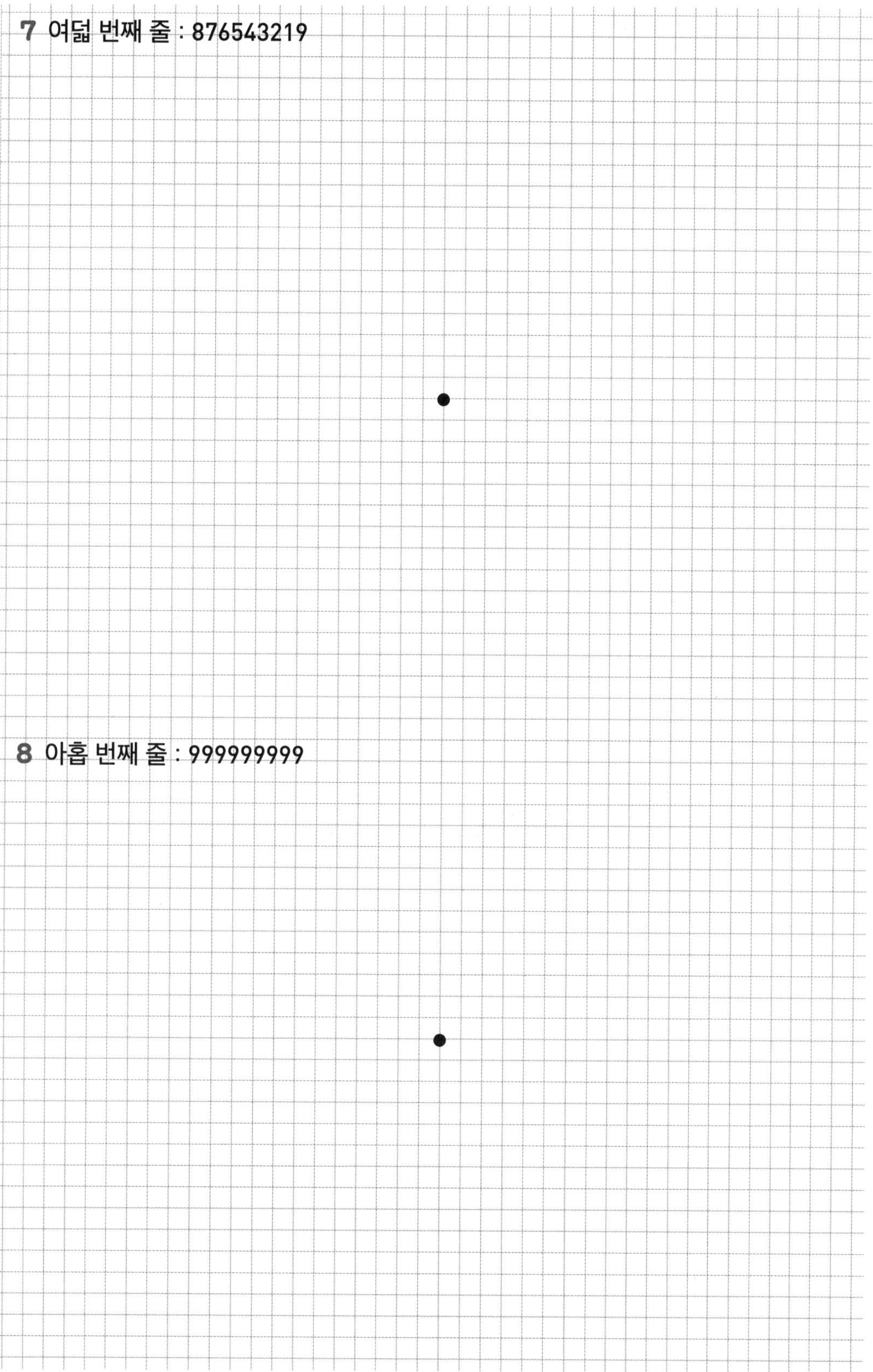

8 아홉 번째 줄 : 999999999

베다 도형 2

삼각 모눈종이를 이용하면 베다 마방진의 같은 줄을 가지고도 다른 모양의 베다 도형을 그릴 수 있다. 앞에서와 마찬가지로 베다 마방진의 네 번째 줄을 이용해 보자. 네 번째 줄의 숫자들은 483726159였다.

방법은 사각 모눈종이를 사용했을 때와 똑같다. 모눈종이의 한 지점에 연필을 두고 오른쪽으로 네 칸 나아간다. 다음에는 60도 왼쪽으로 방향을 바꾸어 위로 여덟 칸 나아간다. 다시 60도 왼쪽으로 세 칸, 다시 60도 왼쪽으로 일곱 칸 나아간다.

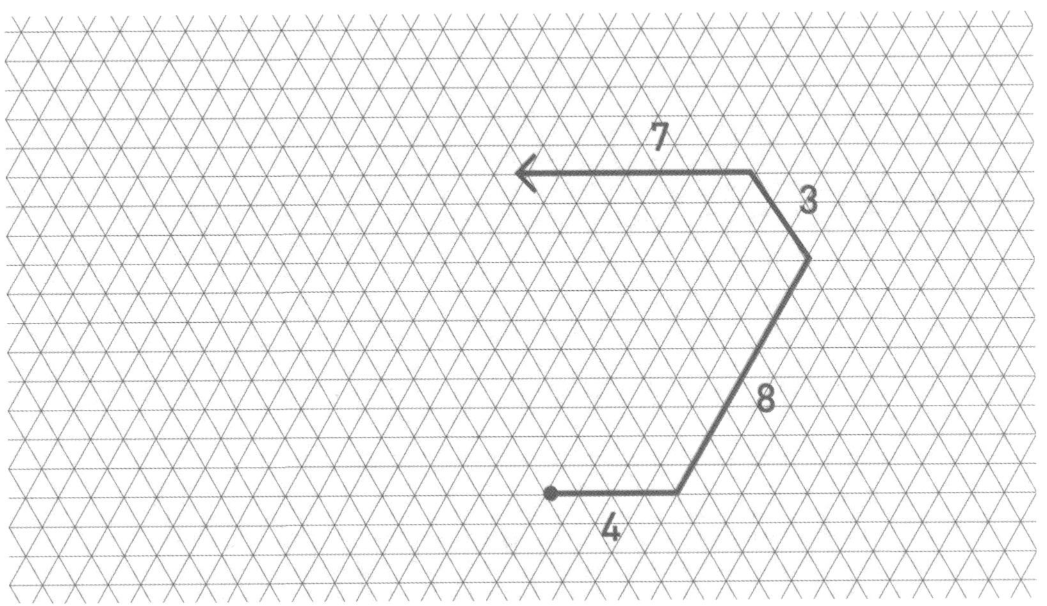

60도씩 각도를 바꾸어서 선을 그리다 보면 다시 시작 지점으로 돌아오게 된다. 사각 모눈종이에 그렸을 때와는 전혀 다른 모양의 도형이 만들어진다.

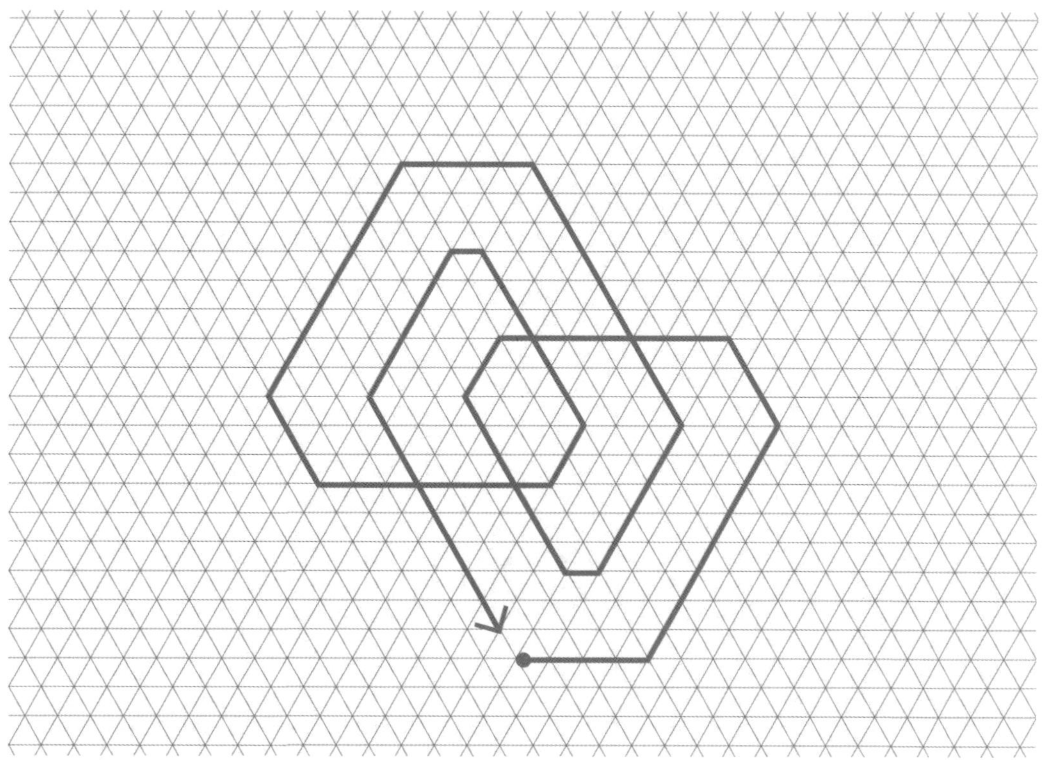

연습문제

▶ 정답 : 136쪽

60도씩 방향을 바꾸어 가며 베다 마방진의 숫자들로 베다 도형을 그려 보자.

1 첫 번째 줄 : 123456789
2 두 번째 줄 : 246813579

3 세 번째 줄 : 369369369
4 다섯 번째 줄 : 516273849
5 여섯 번째 줄 : 639639639

6 일곱 번째 줄 : 753186429

7 여덟 번째 줄 : 876543219

8 아홉 번째 줄 : 999999999

베다 마방진과 베다 도형 6

베다 도형 3

베다 도형을 그리는 방법이 하나 더 있다. 앞에서와 마찬가지로 삼각 모눈종이를 이용하되, 60도가 아니라 120도씩 바꾸어서 그리는 방법이다.

베다 마방진의 네 번째 줄의 숫자 483726159을 이용해서 어떤 도형이 나타나는지 그려 보자.

먼저 오른쪽으로 네 칸 나아간다. 다음은 120도 왼쪽으로 각도를 바꾸어 위쪽으로 여덟 칸 나아간다. 다시 왼쪽으로 120도 각도를 바꾸어 아래로 세 칸, 다시 왼쪽으로 120도 각도를 바꾸어 오른쪽으로 일곱 칸 나아간다.

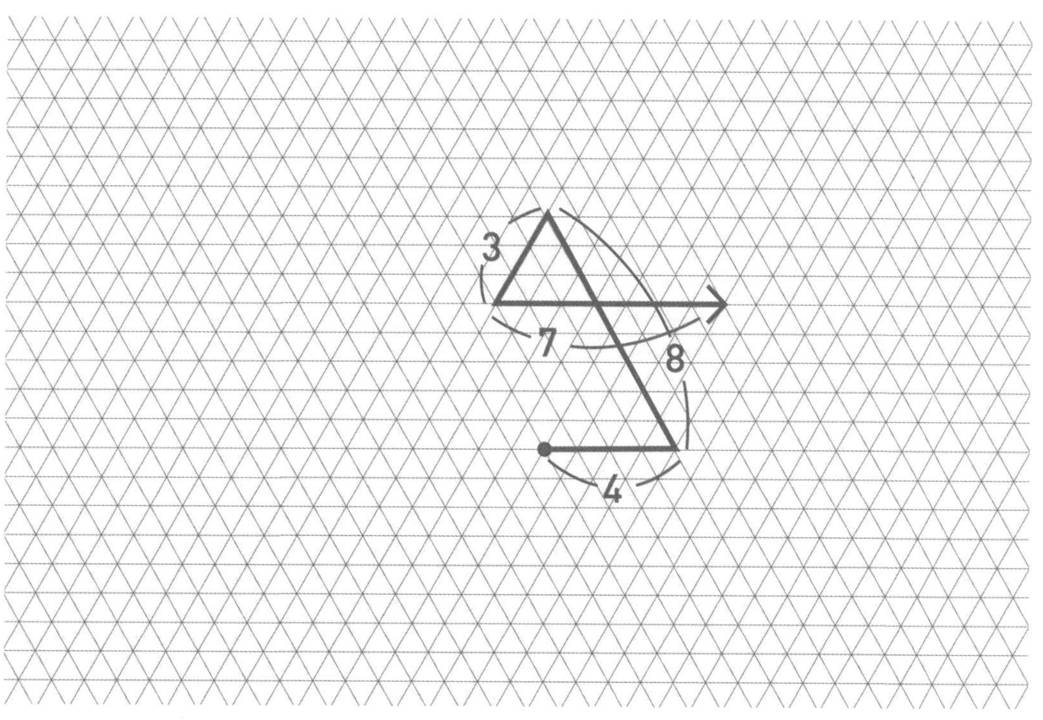

120도씩 바꾸어 가며 베다 도형을 그릴 때는 시작 지점으로 되돌아오지 않는 경우가 많다. 이때는 적당한 곳에서 멈춘다.

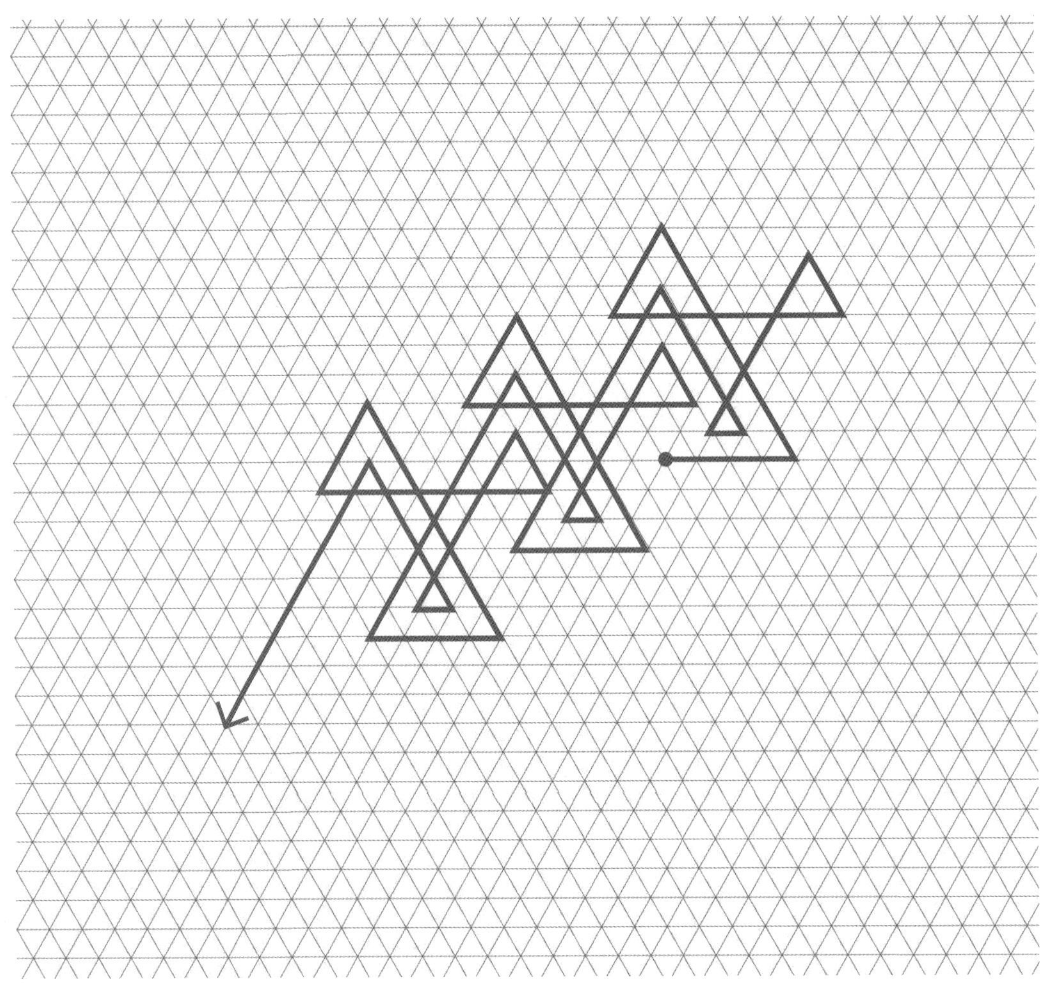

시작 지점으로 돌아오지는 않았지만, 리본 같은 신기한 모양이 만들어졌다.

연습문제

▶ 정답 : 136쪽

120도씩 방향을 바꾸어 가며 베다 마방진의 숫자들로 베다 도형을 그려 보자.

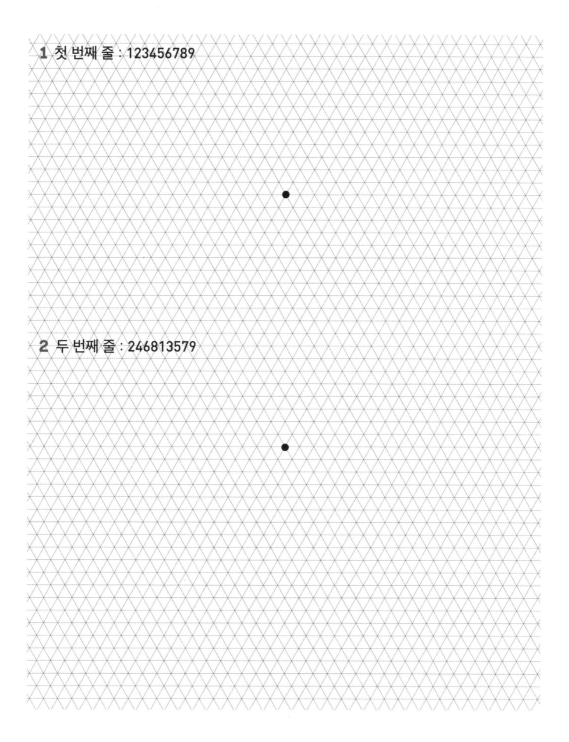

1 첫 번째 줄 : 123456789
2 두 번째 줄 : 246813579

3 세 번째 줄 : 369369369
4 다섯 번째 줄 : 516273849

5 여섯 번째 줄 : 639639639

6 일곱 번째 줄 : 753186429

7 여덟 번째 줄 : 876543219

8 아홉 번째 줄 : 999999999

베다 마방진과 베다 도형 7

베다 도형 4

지금까지 베다 마방진을 이용하여 다양한 모양의 베다 도형을 그려 보았다. 그런데 베다 도형은 베다 마방진에서 대각선으로 나열된 숫자를 이용할 수도 있다.

	1	2	3	4	5	6	7	8	9
1	1	2	3	4	5	6	7	8	9
2	2	4	6	8	1	3	5	7	9
3	3	6	9	3	6	9	3	6	9
4	4	8	3	7	2	6	1	5	9
5	5	1	6	2	7	3	8	4	9
6	6	3	9	6	3	9	6	3	9
7	7	5	3	1	8	6	4	2	9
8	8	7	6	5	4	3	2	1	9
9	9	9	9	9	9	9	9	9	9

	1	2	3	4	5	6	7	8	9
1	1	2	3	4	5	6	7	8	9
2	2	4	6	8	1	3	5	7	9
3	3	6	9	3	6	9	3	6	9
4	4	8	3	7	2	6	1	5	9
5	5	1	6	2	7	3	8	4	9
6	6	3	9	6	3	9	6	3	9
7	7	5	3	1	8	6	4	2	9
8	8	7	6	5	4	3	2	1	9
9	9	9	9	9	9	9	9	9	9

대각선으로 나열된 숫자들을 가지고 앞에서와 마찬가지로 사각 모눈종이에 그릴 수도 있고, 삼각 모눈종이에 60도, 120도로 그릴 수도 있다. 결국 베다 마방진 하나로 베다 도형을 100개 이상 그릴 수 있는 셈이다.

베다 도형은 인도에서 옷감이나 그릇 같은 생활용품에도 두루 이용되고 있다. 혹시 인도에 갈 기회가 있다면 베다 도형이 어디에 숨어 있는지 찾아보자.

연습문제

베다 마방진에서 대각선으로 나열된 숫자들 중 몇 가지를 골라 베다 도형을 그려 보자.

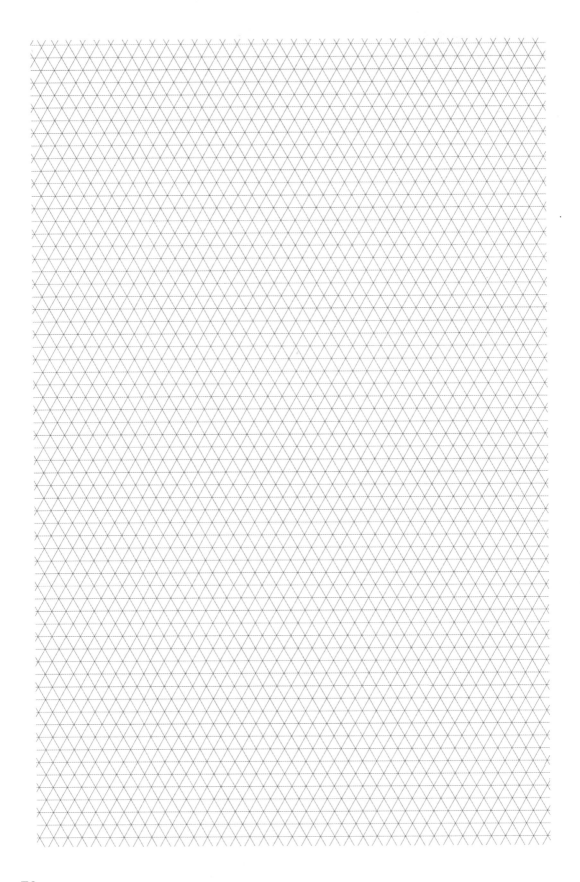

3장

도형으로 푸는 곱셈

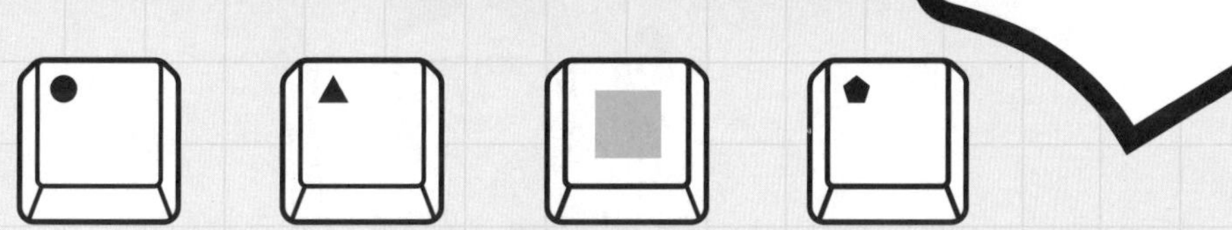

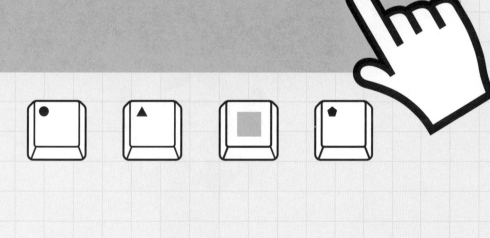

6 DAY

도형으로 푸는 곱셈 1

십의 자리가 1인 수의 곱셈

인도에서는 구구단을 90×90까지 외우는 사람도 있다고 한다. 하지만 구구단을 '외운다'는 말은 한편으로는 사실이고 한편으로는 거짓이다. 인도 사람들은 계산 방법을 굳이 외우지 않아도 '이런 계산은 이렇게 하면 된다'고 자연스럽게 알아차린다. 어떻게 이런 일이 가능할까? 수를 시각적으로 파악하고 있기 때문이다. 수의 형태를 파악하면 마치 색종이로 학을 접듯 큰 수의 계산을 자유자재로 할 수 있다.

계산을 시각적으로 파악하는 방법은 그리 어렵지 않다. 계산을 도형으로 나타낸 다음 그 모양을 눈으로 기억하면 된다.

가장 기본적인 곱셈인, 십의 자리가 1인 수의 곱셈으로 그 방법을 살펴보자.

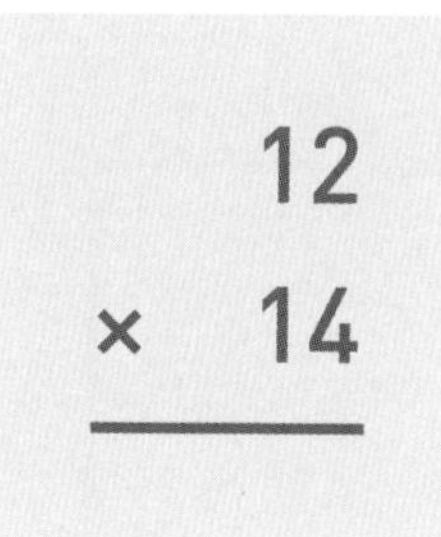

인도수학의 계산 방법을 정리하면 다음과 같다.

① 12에 14의 일의 자리 수 4를 더한다. 12 + 4 = 16. 이것이 십의 자리의 답이다.
② 12와 14의 일의 자리 수를 곱한다. 2 × 4 = 8. 이것이 일의 자리의 답이다.
③ ①과 ②의 값을 합치면, 답은 168.

이 문제를 도형으로 그려 보자.

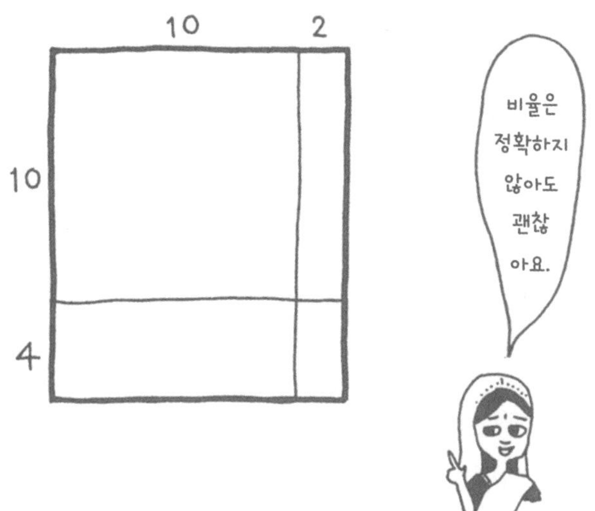

12 × 14는 이 사각형의 넓이를 구하는 것과 마찬가지이다.

먼저 사각형을 아래와 같이 네 조각으로 나누어 보자.

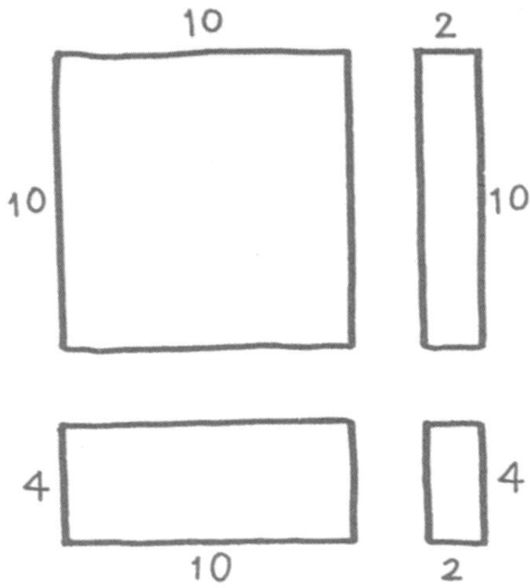

가장 큰 조각인 10×10 사각형은 쉽게 답이 나오기 때문에 잠시 따로 둔다. 주의해야 할 것은 2×10과 4×10이다. 둘 다 한 변의 길이가 10이다. 이제 4×10의 자리를 바꾸어 다시 정리해 보자.

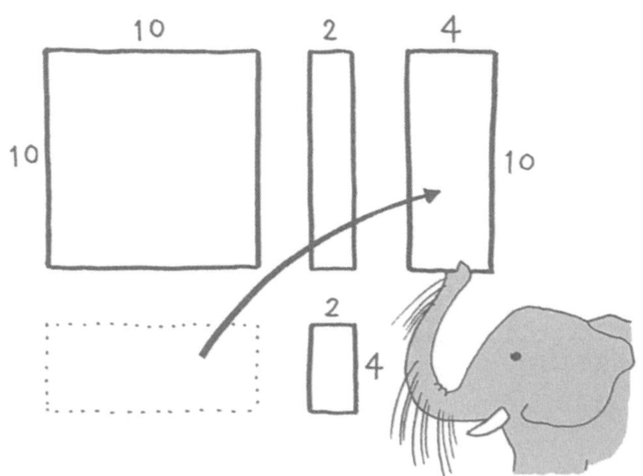

좀 더 알아보기 쉽게 조각들을 연결하면 아래와 같이 두 개의 직사각형이 만들어진다.

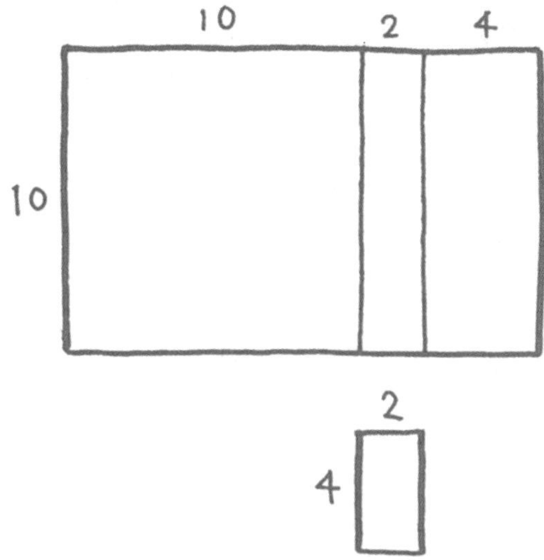

큰 직사각형은 가로가 16, 세로가 10이고, 작은 직사각형은 가로가 2, 세로가 4이다.

큰 직사각형의 가로 16은 12에 14의 일의 자리 4를 더한 값이다. 앞서 설명한 계산 방법 ①과 똑같다.

실제로 인도수학의 계산 체계는 이와 같은 방법에 기초를 두고 있다. 이 그림을 머릿속에 기억해 두면, 다른 계산도 사각형의 자리를 옮겨 쉽게 구할 수 있다.

연습문제

▶ 정답 : 137쪽

다음 곱셈을 도형을 이용하여 계산해 보자.

1 $11 \times 13 =$ ____________

2 $12 \times 17 =$ ____________

3 $14 \times 16 =$ ____________

4 $13 \times 18 =$ ____________

도형으로 푸는 곱셈 2

십의 자리가 같은 수의 곱셈

6 DAY

십의 자리가 1인 수의 곱셈 방법을 알면, 십의 자리가 1이 아닌 경우에도 같은 방법을 응용할 수 있다.

예를 들어 32×37을 계산해 보자.

$$\begin{array}{r} 32 \\ \times \quad 37 \\ \hline \end{array}$$

인도수학의 계산 방법을 정리하면 다음과 같다.

① 32에 37의 일의 자리 7을 더한다. 32+7=39.
② ①의 결과에 37에서 아직 계산하지 않은 30을 곱한다. 39×30=1170.
③ 32와 37의 일의 자리에 있는 수를 곱한다. 2×7=14.
④ ②와 ③의 값을 더한다. 1170+14=1184.

십의 자리가 1일 때와 비교하면 ② 부분이 조금 다르다. 십의 자리가 1일 때는 ①의 결과가 그대로 십의 자리의 답이 되었다. 하지만 그것 역시 '①의 결과에 10을 곱한다'를 생략한 것이나 마찬가지이다.

이 문제를 도형으로 나타내 보면 십의 자리가 1일 때와 같은 방법이라는 것을 알 수 있다.

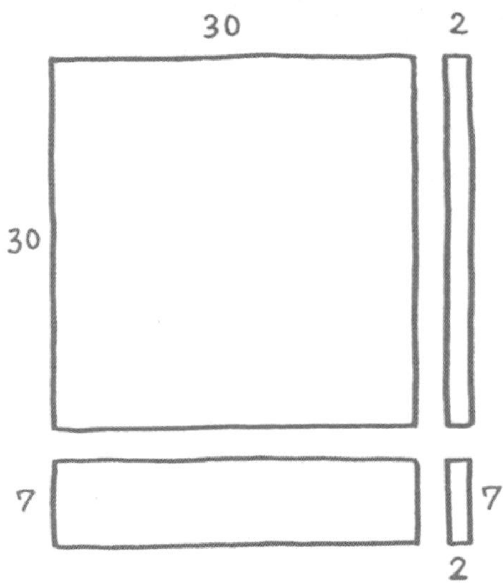

아래쪽에 있는 가로 30, 세로 7인 사각형을 오른쪽으로 옮겨 보자.

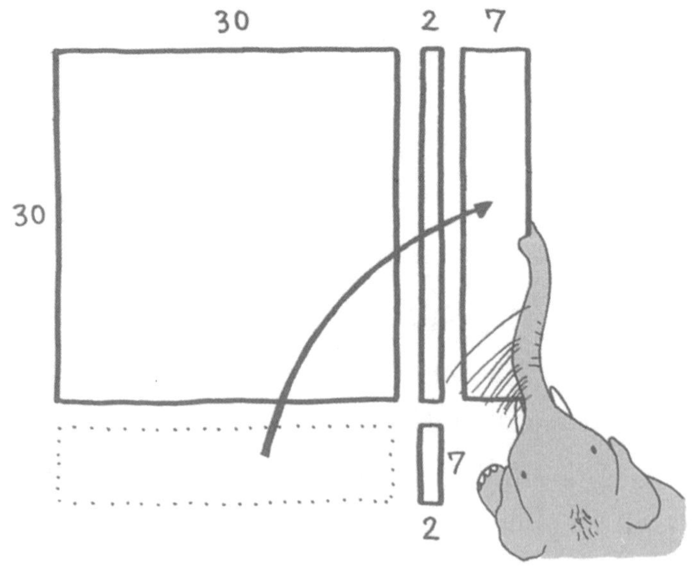

가로 39, 세로 30인 직사각형과 가로 2, 세로 7인 직사각형이 만들어진다.

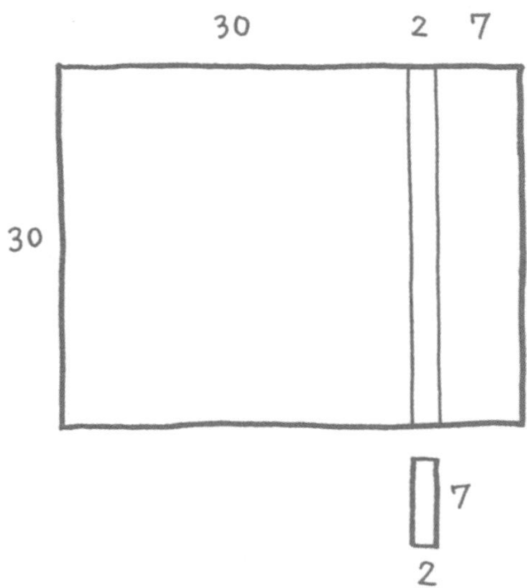

12×14를 계산했을 때와 똑같다. 큰 직사각형의 가로 39는 32에 37의 일의 자리에 있는 수 7을 더한 것이다. 39×30을 계산하기가 조금 어렵겠지만 39×3을 구한 후 0을 붙여 주면 쉽게 구할 수 있다.

작은 직사각형은 32×37의 일의 자리의 수 2와 7을 곱한 것이다.

큰 직사각형의 넓이는 39×30=1170, 작은 직사각형은 2×7=14. 둘을 더하면 1170+14=1184가 답이 된다.

연습문제

▶ 정답 : 137쪽

다음 곱셈을 도형을 이용하여 계산해 보자.

1 35 × 38 = ____________

2 52 × 57 = ____________

3 81 × 87 = ____________

4 91 × 92 = ____________

도형으로 푸는 곱셈 3

6 DAY

십의 자리가 같고, 일의 자리의 합이 10인 곱셈

$$\begin{array}{r} 47 \\ \times \quad 43 \\ \hline \end{array}$$

십의 자리가 둘 다 4이고, 일의 자리의 수 7과 3을 더하면 10이 된다. 이와 같은 경우에는 계산이 매우 쉽다.

① 십의 자리 수 4와, 십의 자리 수 4에 1을 더한 5를 곱한다. 4 × 5 = 20. 이것이 백의 자리 답이 된다.
② 일의 자리 수 7과 3을 곱한다. 7 × 3 = 21. 이것이 일의 자리 답이 된다.
답은 2021.

'십의 자리가 같은 수의 곱셈'보다 훨씬 간단하다. 계산 방법을 따로 기억하기 어렵다면 도형으로 나타내 보자. 사실은 둘 다 같은 방법을 사용한 것이다.

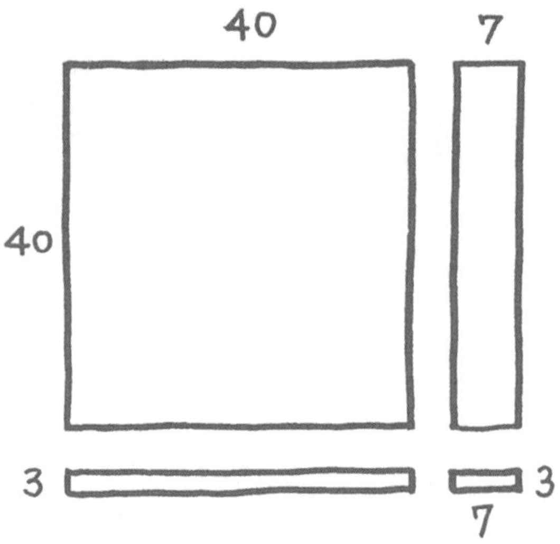

아래쪽의 직사각형을 오른쪽으로 자리를 옮긴다.

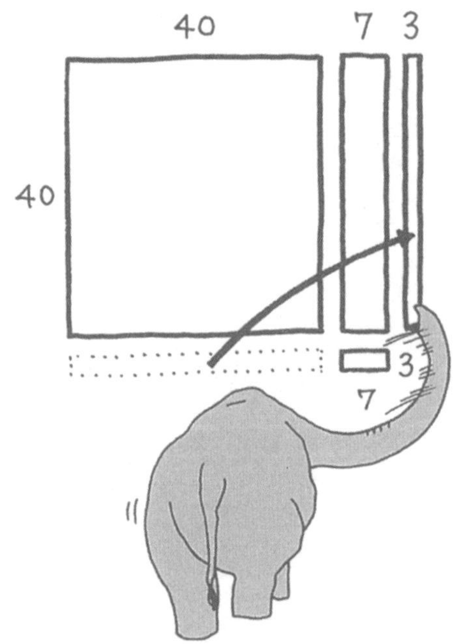

오른쪽에 있는 직사각형 두 개의 가로를 더하면 정확하게 10이 된다. 사실 당연한 일이다. 일의 자리의 합이 10이 되는 수의 곱셈이기 때문이다.

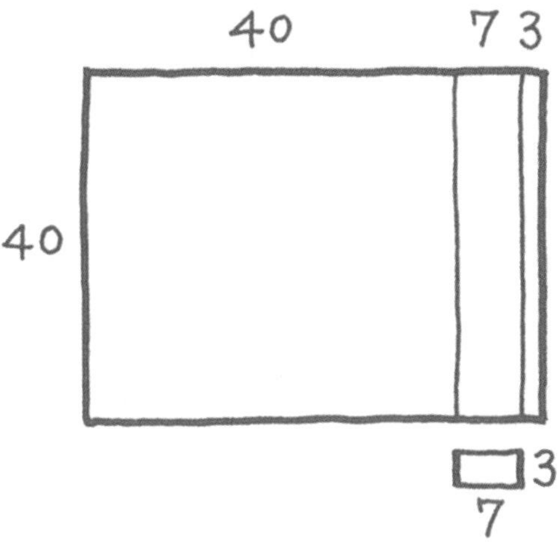

큰 직사각형은 가로가 50, 세로가 40이다. 작은 직사각형의 가로와 세로는 각각 47과 43의 일의 자리의 수에 해당한다. 즉 이와 같은 형태의 곱셈에서는 큰 직사각형은 반드시 세로가 십의 자리의 수, 가로는 '십의 자리의 수+10'이 된다.

도형을 그려서 계산하는 방법을 기억해 두면 '십의 자리가 같은 수의 곱셈'과 '십의 자리가 같고 일의 자리의 합이 10인 곱셈'을 따로따로 기억할 필요가 없다.

오리고 붙여서 모양을 바꾼다

연습문제

▶ 정답 : 137쪽

다음 곱셈을 도형을 이용하여 계산해 보자.

1 $27 \times 23 =$ __________

2 $41 \times 49 =$ __________

3 $64 \times 66 =$ __________

4 $97 \times 93 =$ __________

도형으로 푸는 곱셈 4

일의 자리가 같고, 십의 자리의 합이 10인 곱셈

6 DAY

$$\begin{array}{r} 47 \\ \times\ 67 \\ \hline \end{array}$$

일의 자리의 수는 둘 다 7이고, 십의 자리의 수 4와 6을 더하면 10이 된다.
이와 같은 곱셈의 계산 방법을 정리하면 다음과 같다.

① 십의 자리의 수 4와 6을 곱한다. 4×6=24.
② ①에 일의 자리의 수 7을 더한다. 24+7=31. 이것이 백의 자리의 답이 된다.
③ 일의 자리의 수 7과 7을 곱한다. 7×7=49. 이것이 일의 자리의 답이 된다.
답은 3149이다.

복잡해 보이지만 도형으로 나타내 보면 매우 간단한 계산임을 알 수 있다.

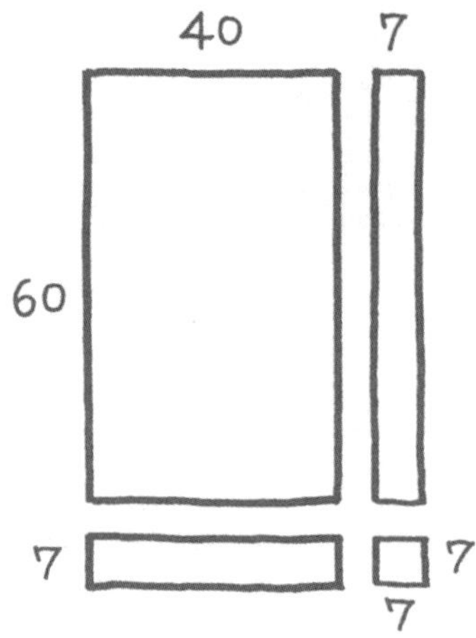

아래쪽의 긴 직사각형을 이동해도 상관없지만, 이 경우는 더 좋은 방법이 있다.

십의 자리의 수를 더하면 10이 되는 것을 이용하는 것이다. 한 변의 길이가 7인 직사각형 두 개를 서로 연결해 보자.

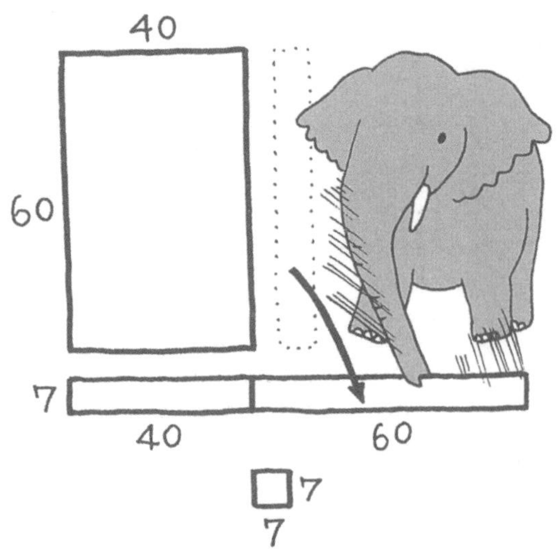

두 직사각형을 연결하면 세로는 7, 가로는 40 + 60으로 100이 된다. 훨씬 쉽게 넓이를 구할 수 있다.

이제 세 직사각형의 넓이를 구해 보자. 가장 큰 직사각형은 60 × 40 = 2400, 중간의 긴 직사각형은 7 × 100 = 700, 작은 정사각형은 7 × 7 = 49. 모두 더하면 답은 3149이다.

앞에서 공식으로 정리한 계산 방법과 비교해 보면 원리는 완전히 똑같다.

연습문제

▶ 정답 : 137쪽

다음 곱셈을 도형을 이용하여 계산해 보자.

1 $29 \times 89 =$ ____________

2 $31 \times 71 =$ ____________

3 $66 \times 46 =$ ____________

4 $93 \times 13 =$ ____________

7
DAY

도형으로 푸는 곱셈 5

짝수×일의 자리가 5인 수

46×15는 어떻게 계산하는 것이 좋을까?

한쪽이 짝수, 즉 2의 배수이고, 다른 한쪽이 5의 배수일 때는 10을 만들어 계산하면 편리하다.

$$46 \times 15$$
$$= (23 \times 2) \times (3 \times 5)$$
$$= (23 \times 3) \times (2 \times 5)$$
$$= 69 \times 10$$
$$= 690$$

계산 자체가 매우 쉽기 때문에 도형이 없어도 충분히 이해할 수 있지만, 도형으로 그려 보면 어떻게 계산해야 하는지 보다 직관적으로 알 수 있다.

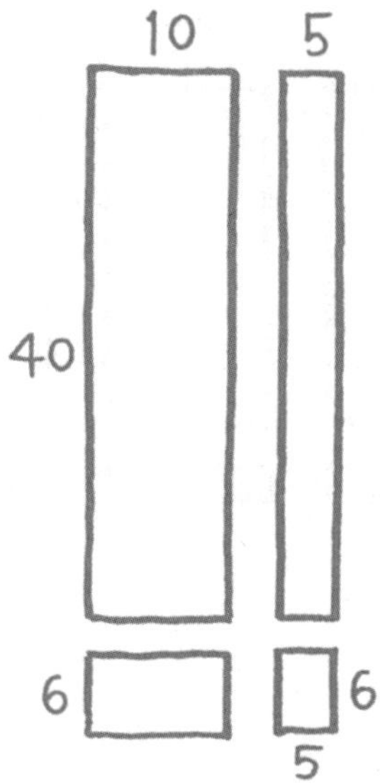

사각형을 각각 가로로 반씩 자른다.

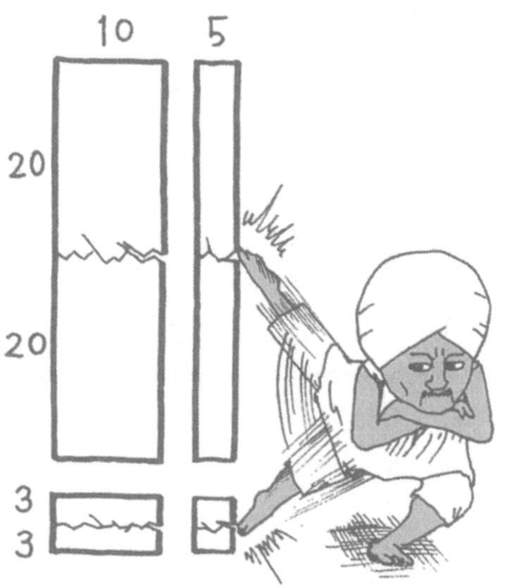

같은 모양이 두 개씩 생긴다. 세로로 길게 나열되어 있는 사각형들을 다음과 같이 가로로 나열해 보자.

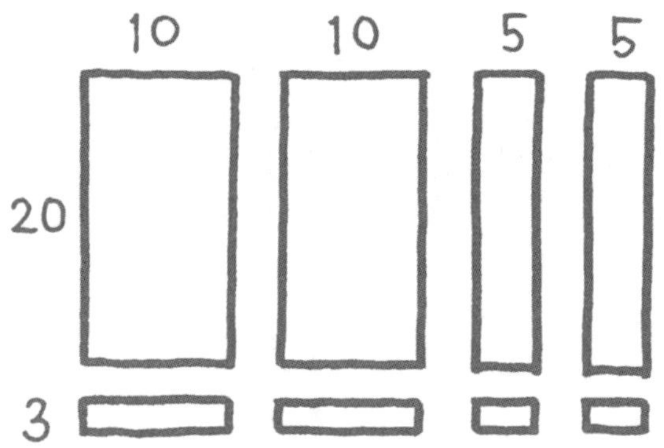

이제 사각형들을 한데 모아 연결해 보자.
가로 30, 세로 23인 직사각형이 만들어진다.

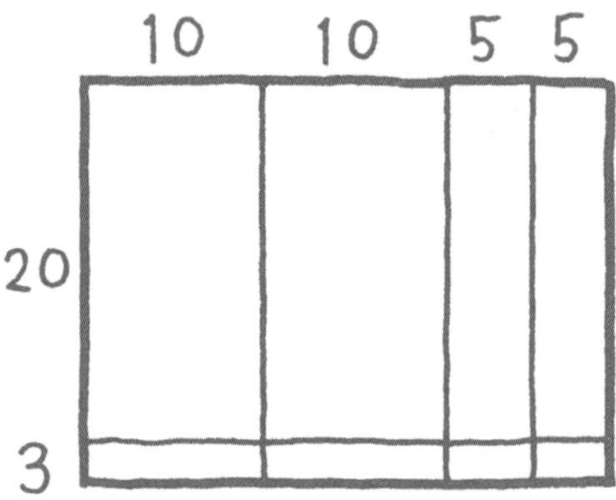

이와 같이 짝수와 5의 배수를 곱할 때는 가로가 반드시 10의 배수가 되기 때문에 계산이 쉬워진다. 답은 690이다.

연습문제

▶ 정답 : 137쪽

다음 곱셈을 도형을 이용하여 계산해 보자.

1 $25 \times 42 =$ ________

2 $88 \times 15 =$ ________

3 $35 \times 54 =$ ________

4 $98 \times 55 =$ ________

7
DAY

도형으로 푸는 곱셈 6

100에 가까운 수의 크로스 곱셈법

100에 가까운 두 수를 곱할 때 인도수학에서는 크로스 곱셈법을 사용한다.

$$\begin{array}{r} 98 \\ \times\quad 97 \\ \hline \end{array}$$

98과 97이 둘 다 100에 가까운 수이므로 100을 기준으로 각각의 차를 오른쪽에 적는다.

$$\begin{array}{rr} 98 & -2 \\ \times\quad 97 & -3 \\ \hline \end{array}$$

이제 다음과 같이 크로스 계산을 한다.

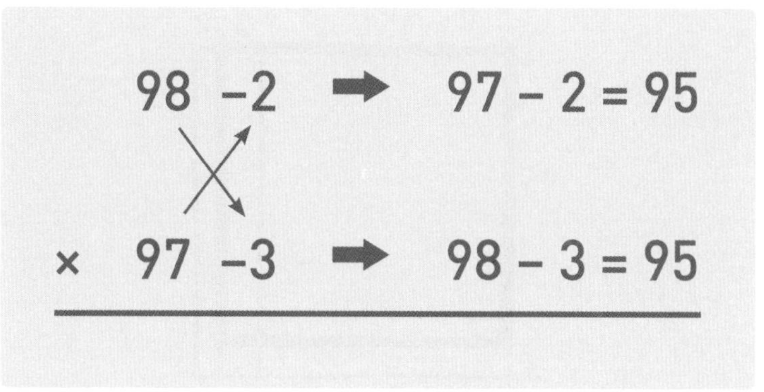

놀랍게도 답이 둘 다 95가 나온다. 뿐만 아니라 이것이 백의 자리의 답이 된다.

① 크로스 계산을 한다. 98 - 3 = 95. 이것이 백의 자리의 답이 된다.
② 오른쪽에 덧붙인 차를 곱한다. (-2) × (-3) = 6. 이것이 일의 자리의 답이 된다.
정답은 9506.

정답이 어떻게 나왔는지 도형으로 그려 보자. 원리를 알면 계산 순서는 자연스럽게 기억할 수 있다.

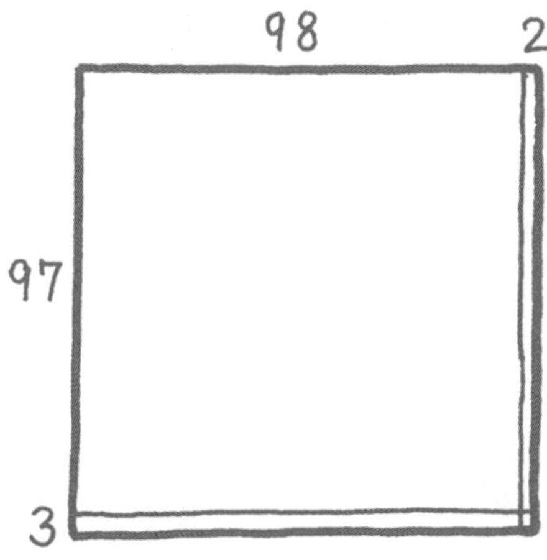

바깥쪽 정사각형의 한 변의 길이는 크로스 계산에서 기준으로 삼은 100이고, 안쪽에 있는 사각형이 98 × 97이다.

이 안에 크로스 계산으로 구한 95를 한 변으로 하는 정사각형을 집어넣어 보자.

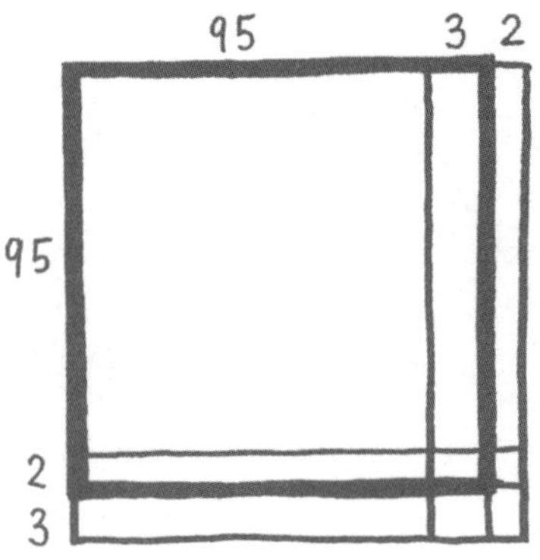

굵은 선으로 표시한 부분이 우리가 구해야 할 값이다. 복잡해 보이지만 자세히 살펴보면 대칭을 이루고 있음을 알 수 있다.

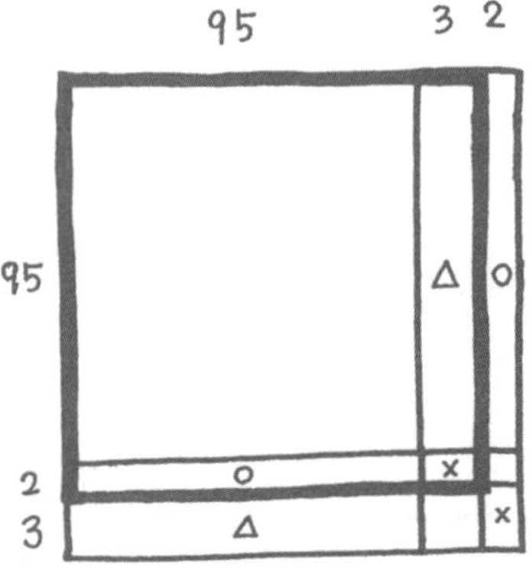

넓이가 같은 것들을 알아보기 쉽도록 ○, △, ×로 표시했다. 또한 구해야 할 값은 굵은 선으로 둘러싼 부분이므로, 굵은 선 바깥 부분들을 모두 떼어 낸다.

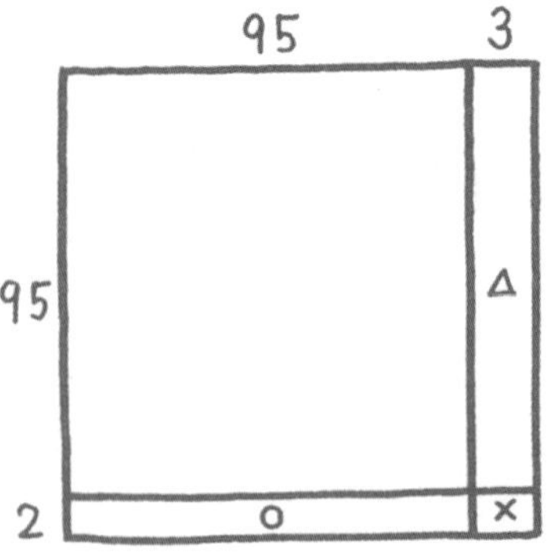

이제부터는 앞에서 배운 방법을 사용하면 된다. 아래쪽에 ○으로 표시한 직사각형을 오른쪽으로 옮긴다.

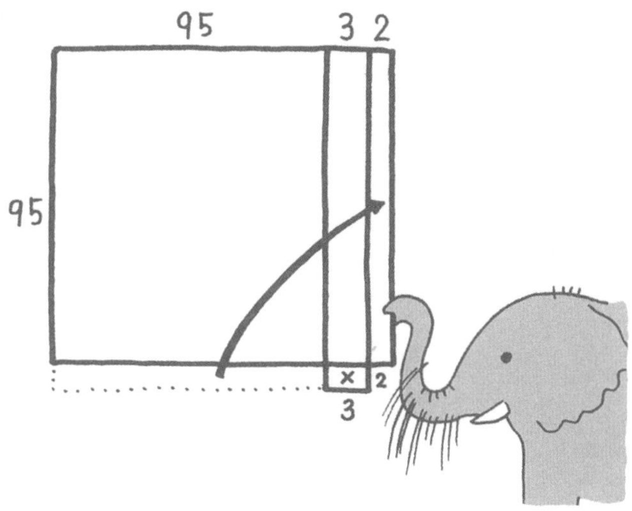

큰 직사각형 하나와 작은 직사각형 하나가 만들어졌다. 큰 직사각형은 세로가 95, 가로가 100이므로 간단하게 95×100=9500을 구할 수 있다. 또한 작은 직사각형의 넓이는 3×2=6이므로, 정답은 9500+6=9506이다.

매우 복잡해 보이지만, 기본 원리는 직사각형의 한 변의 길이가 100이 되도록 만드는 것이다.

연습문제

▶ 정답 : 137쪽

다음 곱셈을 도형을 이용하여 계산해 보자.

1 $92 \times 95 =$ ______________

2 $91 \times 98 =$ ______________

3 $93 \times 97 =$ ______________

4 $96 \times 96 =$ ______________

도형으로 푸는 곱셈 7

기준값과의 차가 큰 수의 크로스 곱셈법

7 DAY

75×88처럼 100을 기준으로 했을 때 기준값과의 차가 큰 수는 어떻게 계산할까? 계산하는 수가 커져서 조금 번거로울 뿐 방법은 똑같다.

$$\begin{array}{rrl} & 75 \quad -25 & \Rightarrow \quad 88 - 25 = 63 \\ \times & 88 \quad -12 & \Rightarrow \quad 75 - 12 = 63 \\ \hline \end{array}$$

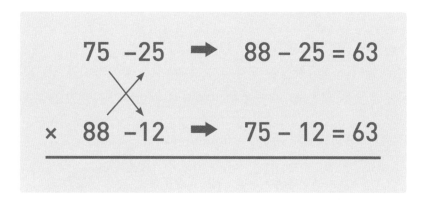

크로스 계산 결과는 88 - 25 = 63, 75 - 12 = 63으로 둘 다 63이 된다.
이를 도형으로 나타내 보자.

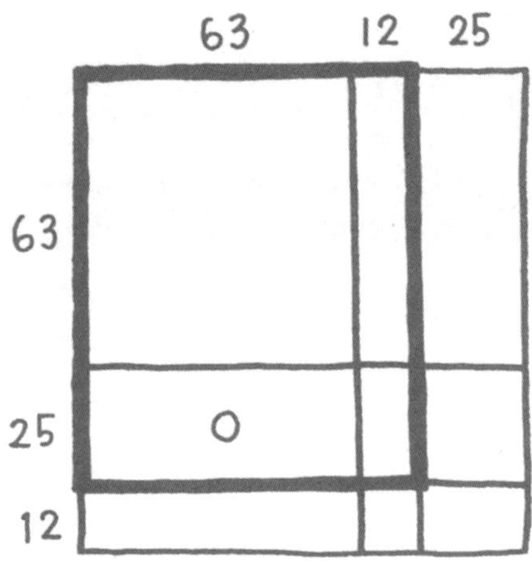

굵은 선으로 표시한 직사각형이 구해야 할 부분이다. 동그라미를 친 직사각형을 오른쪽으로 이동해 보자. 굵은 선 바깥 부분은 계산에 필요하지 않으므로 모두 지운다.

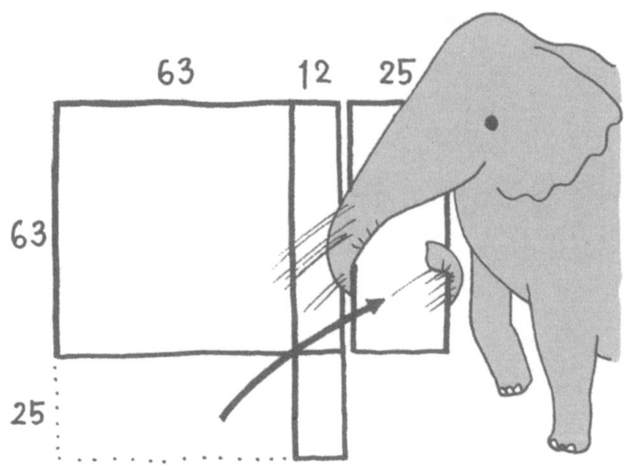

세로 63, 가로 100(63+12+25=100)인 큰 직사각형과 세로 25, 가로 12의 작은 직사각형이 만들어진다. 작은 직사각형을 계산하는 것이 조금 복잡하지만, 25×12가 '5의 배수×짝수'라는 것을 이용하면 넓이 300을 쉽게 구할 수 있다. 큰 직사각형의 넓이는 63×100=6300이므로 답은 6600이다.

연습문제

▶ 정답 : 137쪽

다음 곱셈을 도형을 이용하여 계산해 보자.

1 $77 \times 98 =$ ____________

2 $68 \times 81 =$ ____________

3 $69 \times 91 =$ ____________

4 $79 \times 82 =$ ____________

7
DAY

도형으로 푸는 곱셈 8

50에 가까운 수의 크로스 곱셈법

크로스 곱셈을 반드시 100을 기준으로 할 필요는 없다. 얼마든지 다른 수를 기준으로 해도 상관없다. 계산하는 수와 기준값이 가까울수록 계산이 쉬워진다.

43×45 같은 문제는 50을 기준으로 하는 것이 좋다.

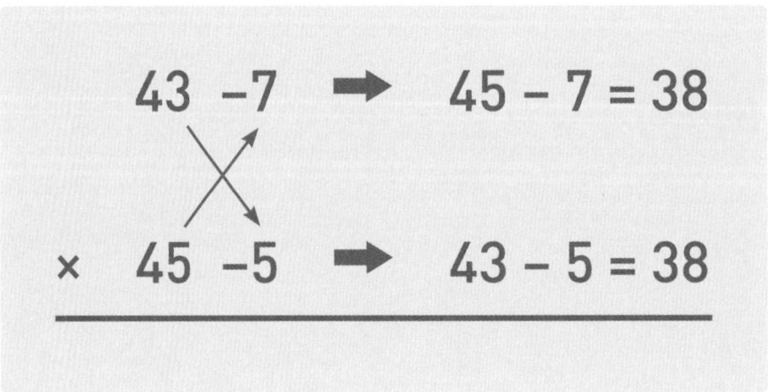

크로스 계산 결과는 45 − 7 = 38, 43 − 5 = 38이다.

이를 도형으로 나타내 보자.

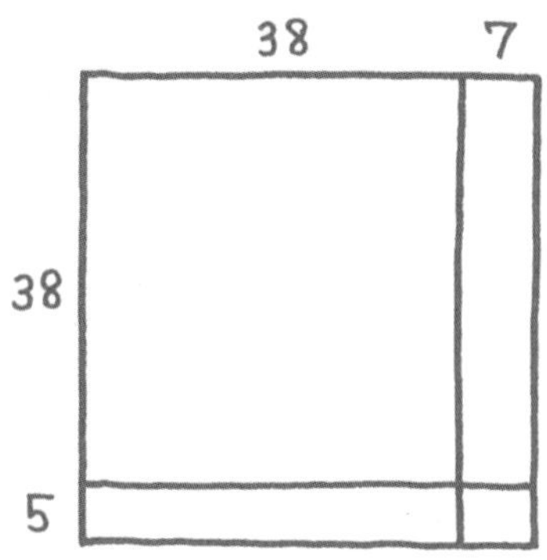

아래쪽의 직사각형을 오른쪽으로 옮긴다.

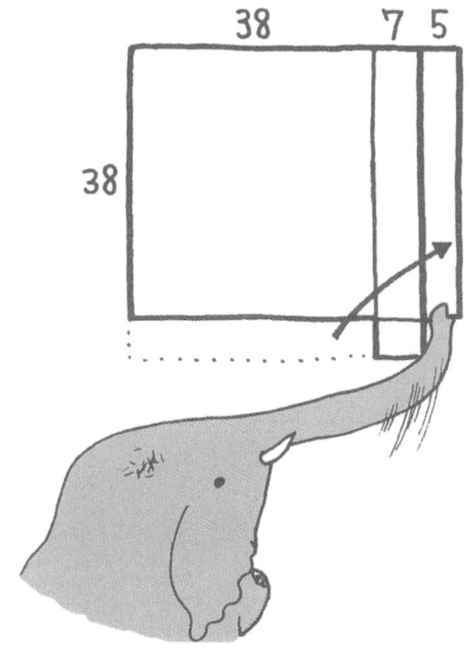

큰 직사각형은 세로 38, 가로 50이므로 38×50=1900.

작은 직사각형은 세로 5, 가로 7이므로 5×7=35. 답은 1935이다.

방법은 같지만, 기준값이 100이 아니라 50이기 때문에 큰 직사각형의 넓이인 38×50을 구하는 것이 조금 복잡하다. 하지만 이것도 '짝수×5의 배수'의 계산 방법을 이용하면 쉽게 풀 수 있다.

연습문제

▶ 정답 : 137쪽

다음 곱셈을 도형을 이용하여 계산해 보자.(1, 2번은 50을 기준으로, 3번과 4번은 각각 30과 70을 기준으로 계산하면 편리하다.)

1 $42 \times 48 =$ ______________

2 $46 \times 49 =$ ______________

3 $26 \times 29 =$ ______________

4 $66 \times 63 =$ ______________

도형으로 푸는 곱셈 9

8 DAY

곱하는 수가 기준값보다 큰 크로스 곱셈법 1

지금까지의 크로스 곱셈에서는 기준이 되는 수의 크기가 곱하는 수보다 컸다. 예를 들어 53×52의 경우 기준값을 50이 아니라 60으로 계산한다. 기준값이 곱하는 수보다 작으면 계산이 번거로워지기 때문이다.

하지만 98×107에서는 기준값을 110으로 하는 것보다는 100으로 하는 것이 간편하다. 곱하는 수가 기준값보다 클 경우, 그중에서도 98×107처럼 곱하는 수 두 개 중 하나만 기준값보다 클 경우에 대해 알아보자.

```
   98  -2  ➡  107 - 2 = 105
       ╳
×  107 +7  ➡   98 + 7 = 105
────────────────────────────
```

부호에 주의하여 크로스 계산을 해 보자.

$$98 + 7 = 105$$

$$107 - 2 = 105$$

둘 다 105가 나온다. 지금까지의 크로스 계산과 똑같이 105가 백의 자리의 답이 된다.
(−2)×(+7)을 계산하면 −14. (−)×(+)는 (−)가 된다는 것에 주의하자.
마지막으로 앞에서 구한 10500과 −14를 더하면, 10500+(−14)=10486이다.
이 문제를 도형을 그려서 생각해 보자.

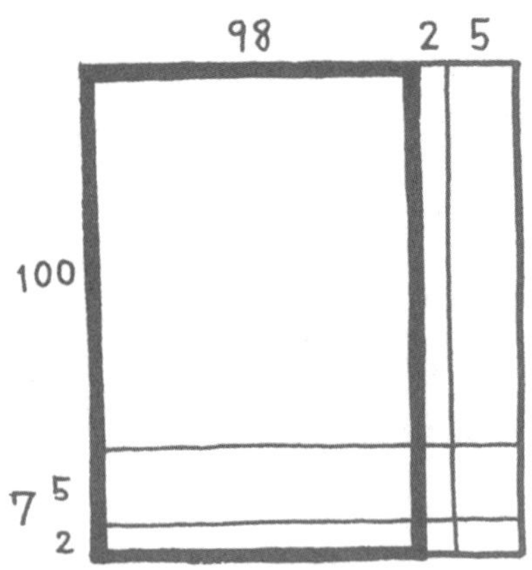

곱하는 수는 98과 107, 기준값은 100, 크로스 계산의 결과는 105. 이 네 가지 값을 도형으로 나타냈다. 구해야 할 것은 굵은 선으로 둘러싼 부분이다.

아래 그림에서 빗금 친 부분을 살펴보자.

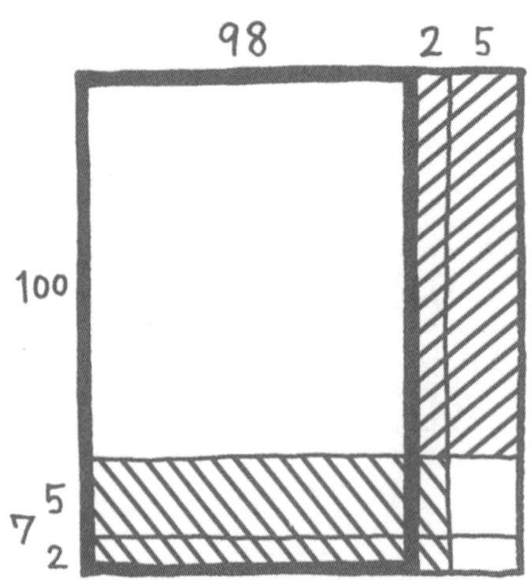

빗금 친 두 직사각형의 넓이는 7×100으로 서로 똑같다. 그렇다면 아래쪽 직사각형을 옮겨 오른쪽에 연결하면 되는데, 한 가지 문제가 있다. 아래쪽 직사각형에 여분의 부분이 있기 때문이다. 우리가 구해야 하는 것은 굵은 선으로 둘러싼 부분인데, 7×2의 작은 직사각형이 굵은 선 밖으로 벗어나 있다.

이 부분은 나중에 조정하기로 하고, 우선 아래쪽 직사각형을 옮겨 보자.

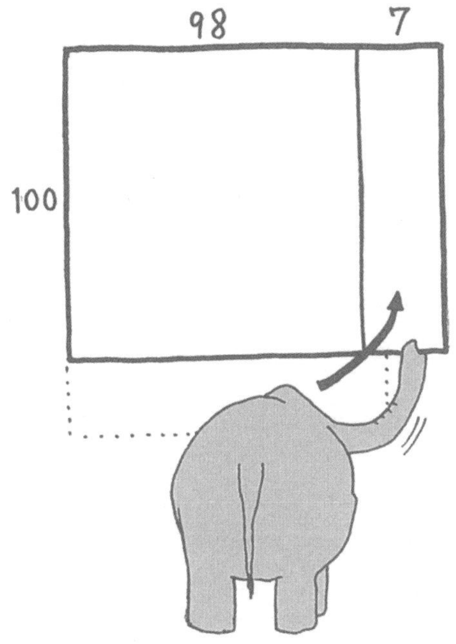

이 직사각형의 넓이는 세로 100, 가로 105이므로 100×105=10500이 된다.

하지만 여기에는 앞에서 나중에 조정하기로 한 작은 직사각형이 포함되어 있으므로, 그 넓이만큼 빼주어야 한다. 작은 직사각형의 넓이는 7×2=14이므로, 14를 빼주면 10500−14=10486이다.

기준값(100)과 크로스 계산 결과(105)로 큰 직사각형을 만들고, 여기에서 기준값과의 차를 곱한 수(14)를 빼준다는 것만 기억하면 그리 어렵지 않다.

연습문제

▶ 정답 : 137쪽

다음 곱셈을 도형을 이용하여 계산해 보자.

1 $95 \times 103 =$ ____________

2 $48 \times 57 =$ ____________

3 $91 \times 106 =$ ____________

4 $44 \times 51 =$ ____________

곱하는 수가 기준값보다 큰 크로스 곱셈법 2

크로스 곱셈법 중 아직 설명하지 않은 유형이 하나 더 있다. 곱하는 수 하나가 아니라 양쪽 모두 기준값보다 큰 경우이다. 예를 들어 103×112 같은 문제에서 기준값을 100으로 하면 어떻게 계산할까?

여기까지 차근차근 읽은 사람이라면 이미 알아차렸겠지만, 이때는 굳이 크로스 곱셈을 하지 않아도 도형을 그려 간단하게 계산할 수 있다. 하지만 우선은 크로스 계산을 해 보자.

```
  103  +3  ➡  112 + 3  = 115
       ╳
× 112  +12 ➡  103 + 12 = 115
─────────────────────────────
```

$$103 + 12 = 115$$

$$112 + 3 = 115$$

크로스 계산은 115가 되고, 이 값이 백의 자리의 답이 된다.

일의 자리의 값은 3×12=36이므로, 답은 11536이다.

이를 도형으로 그려 보면, 3장 첫머리에 소개한 '십의 자리가 1인 수의 곱셈'을 응용하면 된다는 것을 알 수 있다.

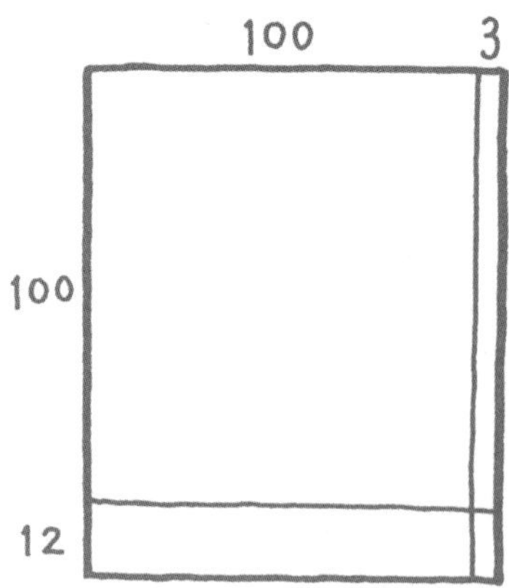

아래쪽 직사각형을 위로 옮겨 보자.

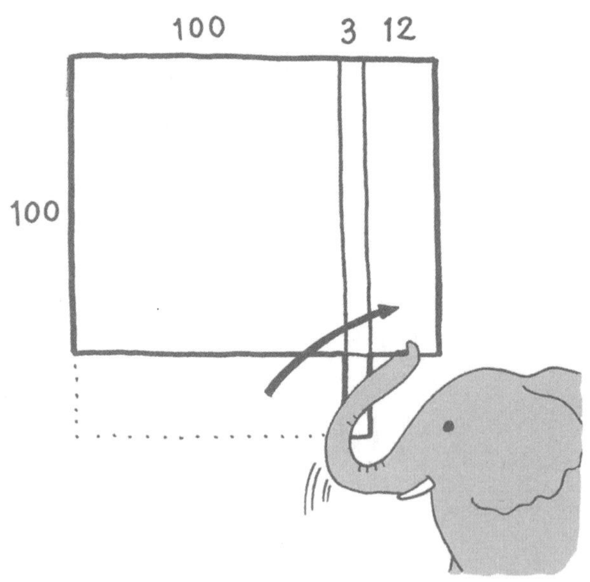

위쪽의 큰 직사각형은 가로가 115, 세로가 100이므로 115×100=11500, 아래쪽의 작은 직사각형은 가로가 3, 세로가 12이므로 3×12=36. 답은 11536이다.

연습문제

▶ 정답 : 137쪽

다음 곱셈을 도형을 이용하여 계산해 보자.

1 $104 \times 107 =$ ______________

2 $121 \times 129 =$ ______________

3 $203 \times 204 =$ ______________

4 $507 \times 503 =$ ______________

8
DAY

도형으로 푸는 곱셈 11

네 자릿수×두 자릿수 곱셈

인도수학에서는 자릿수가 큰 곱셈을 어떻게 계산할까?

예를 들어 9217×97을 계산해 보자.

이와 같은 네 자리의 수×두 자리의 수의 곱셈은, 먼저 네 자리의 수를 두 자리씩 나눈다.

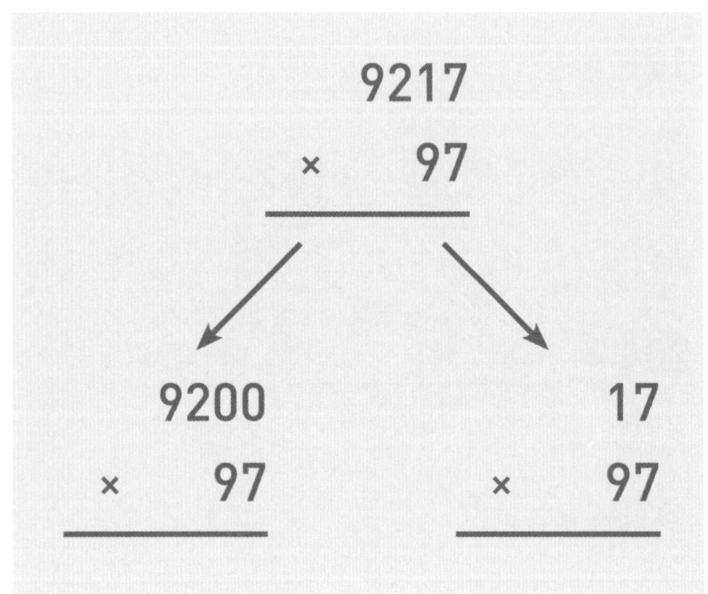

9200×97은 92×97을 계산한 후 0을 두 개 붙이면 된다. 이를 각각 도형으로 그려 보자.

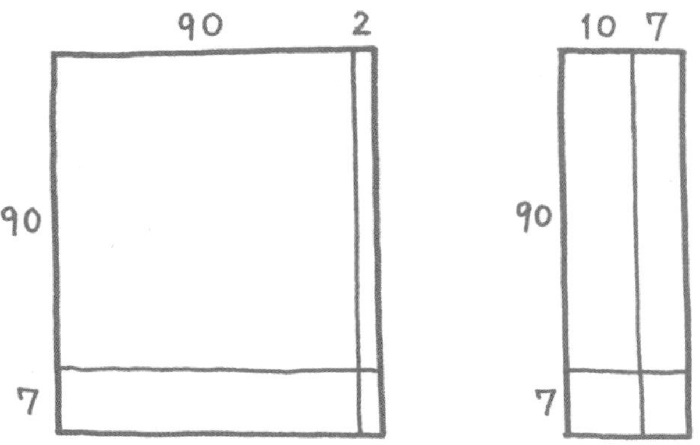

이제부터는 방법을 이미 알고 있을 것이다. 17×97은 일의 자리의 수가 같고 십의 자리 수의 합이 10이 되는 유형이므로 아래 그림과 같이 옮기면 계산이 간편해진다.

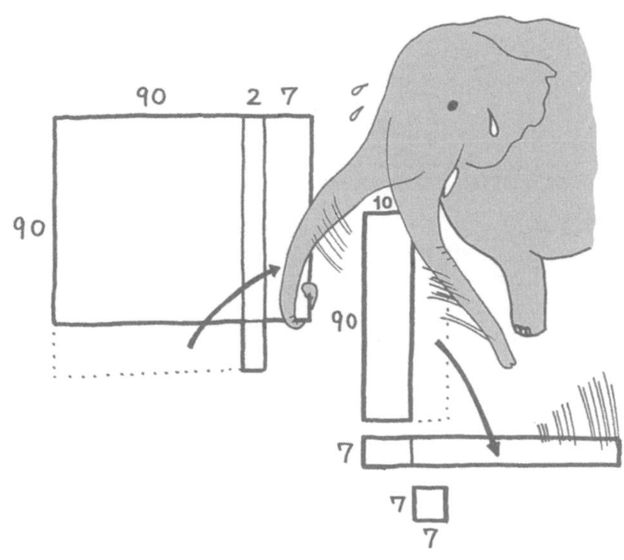

92×97은 큰 직사각형이 90×99=8910, 작은 직사각형이 2×7=14이므로 둘을 더하면 8924이다. 그런데 0을 두 개 생략했으므로, 9200×97의 답은 892400이다.

17×97은 큰 직사각형이 90×10=900, 중간 크기가 7×100=700, 작은 직사각형이 7×7=49이므로, 더하면 1649가 된다.

그러므로 9217×97의 답은 양쪽을 합해서 894049가 된다.

연습문제

▶ 정답 : 137쪽

다음 곱셈을 도형을 이용하여 계산해 보자.

1 $4532 \times 47 =$ __________

2 $3243 \times 86 =$ __________

3 $5034 \times 35 =$ __________

4 $7325 \times 93 =$ __________

4장

도형의 넓이

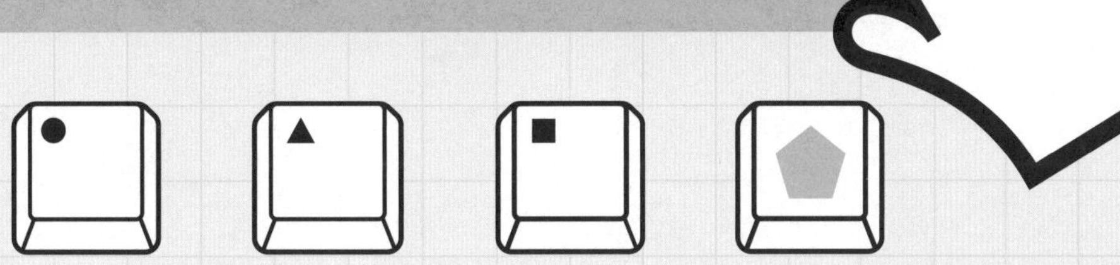

9
DAY

도형의 넓이 1

피타고라스의 정리와 직사각형의 넓이

지금까지 살펴본 여러 가지 곱셈 방법은 인도수학의 극히 일부분에 지나지 않는다. 고대 인도에서는 0의 발견과 같은 수학 개념을 정립했을 뿐만 아니라, 토지의 측량과 관련된 기하학도 매우 발달했다.

특히 고대 인도에서는 제단을 지을 때 줄을 이용하여 정사각형이나 직사각형, 평행사변형, 마름모 모양을 만들었는데, 이에 관한 방법이 기술된 것이 '줄의 경전'이라는 뜻의《술바수트라》이다. 그런데 놀랍게도《술바수트라》에는 다음과 같은 기록이 있다.

'한 변의 길이가 3, 다른 한 변의 길이가 4인 직사각형의 대각선 길이는 5이다.'

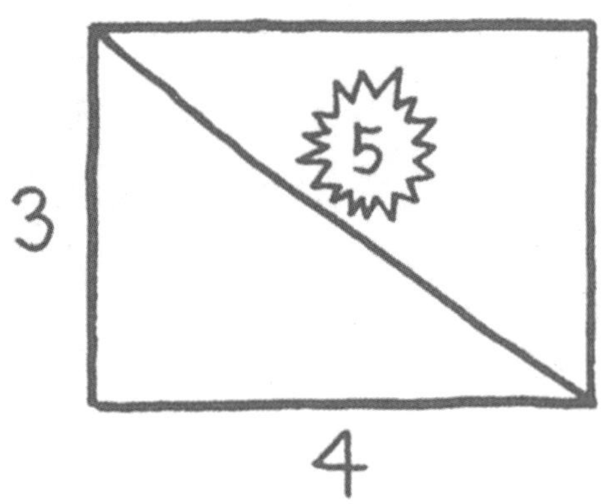

피타고라스의 정리의 가장 기본적인 내용이다. 이 외에도 5 : 12 : 13이나 8 : 15 : 17, 12 : 35 : 37 등 직사각형의 변의 길이와 대각선 길이의 관계가 기술되어 있다.

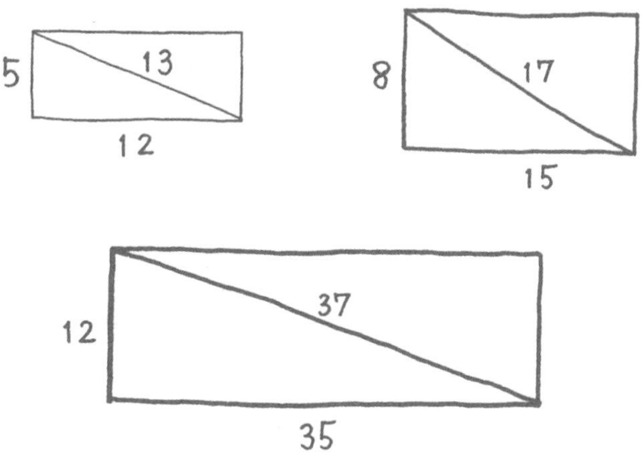

물론 당시 인도에는 피타고라스의 정리가 알려져 있지 않았지만, 고대 인도인들은 그 원리를 경험적으로 알고 있었고, 이 같은 기본 도형을 조합하여 제단을 만들었던 것이다.

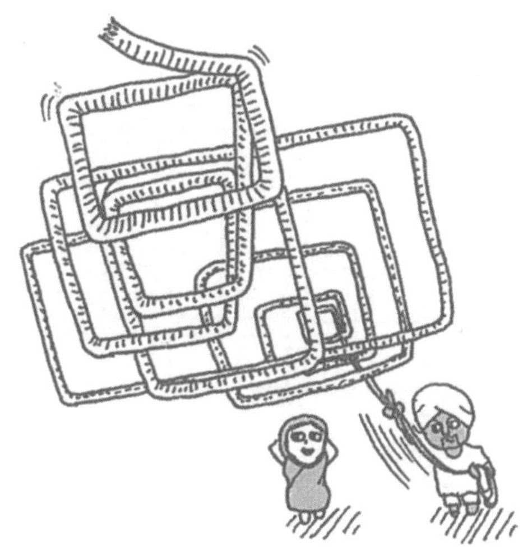

그럼, 인도의 초등학교에서 배우는 도형의 넓이를 구하는 방법을 알아보자. 학교에서 배우는 방법과도 비슷하기 때문에 이미 알고 있는 부분도 있을 테지만, 복습하는 마음으로 공부해 보자.

먼저 정사각형이나 직사각형의 넓이를 구하는 방법이다. 넓이를 구하려면 '한 변×한 변'을 계산하면 된다.(학교에서는 '밑변×높이'라는 공식으로 배운다.)

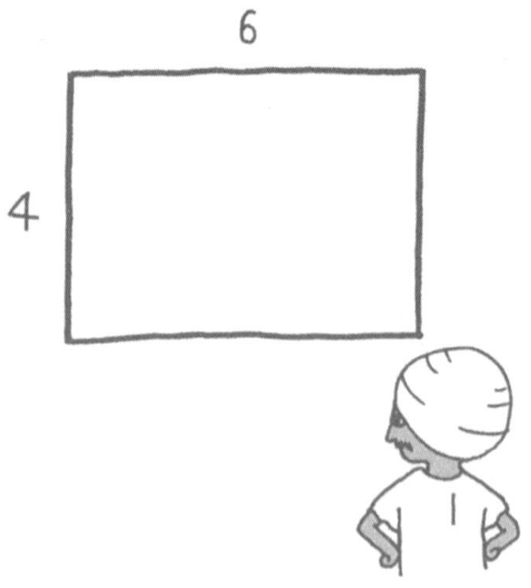

위 직사각형의 넓이는 6×4를 계산하면 된다. 그런데 왜 '한 변×한 변'이라는 공식이 나온 것일까?

직사각형의 넓이를 구한다는 것은 1×1짜리 벽돌이 몇 개 있는지 세는 것과 마찬가지이다.

이렇게 조각을 내보면 일목요연하게 알 수 있다. 벽돌이 가로 6줄, 세로 4줄로 나열되어 있으므로 벽돌의 개수는 모두 24개이다. 1×1짜리 벽돌이 24개 있으므로, 직사각형의 넓이는 24이다.

연습문제

▶ 정답 : 137쪽

다음 직사각형에 대각선을 그리고, 그 길이를 구해 보자.

1

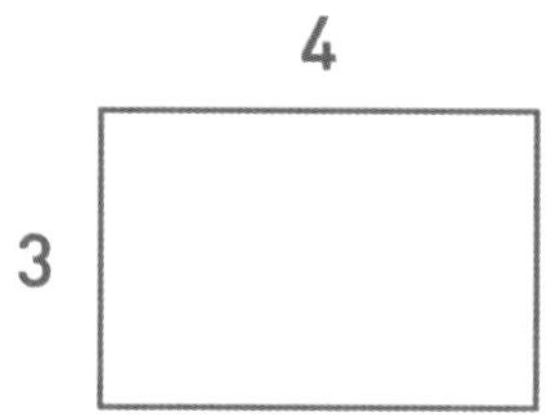

가로 4, 세로 3

____

2

가로 12, 세로 5

____

3

가로 15, 세로 8

____

4

가로 35, 세로 12

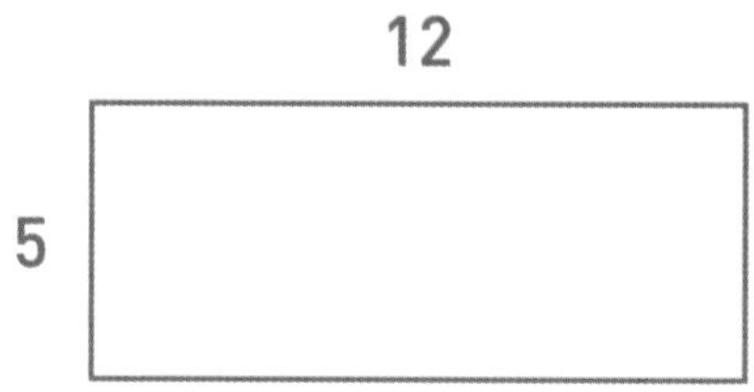

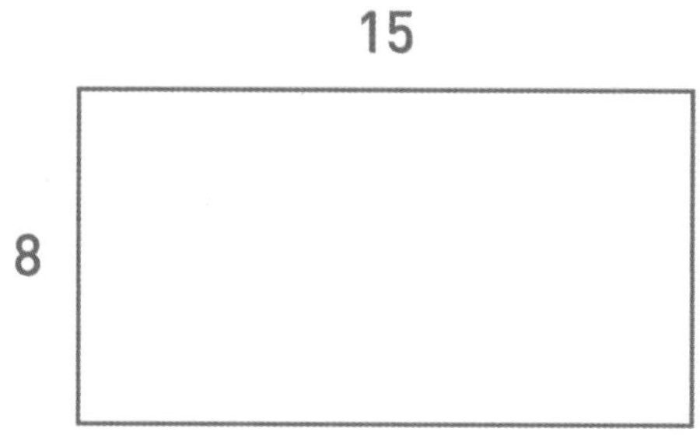

____

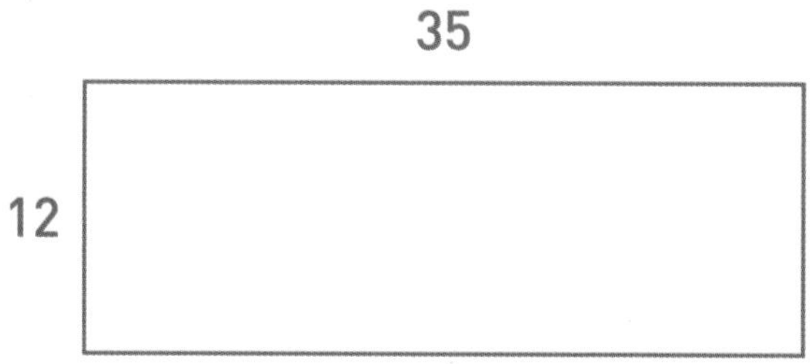

다음 직사각형을 1×1의 조각으로 나누어서 넓이를 구해 보자.

1

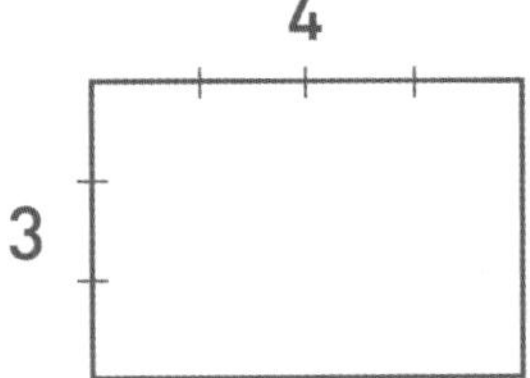

____

2

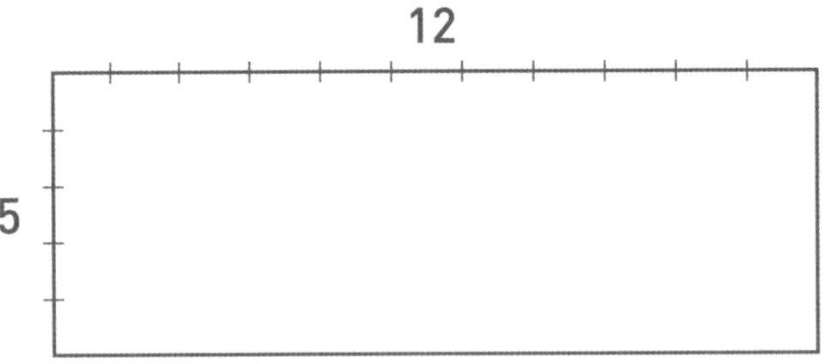

____

3

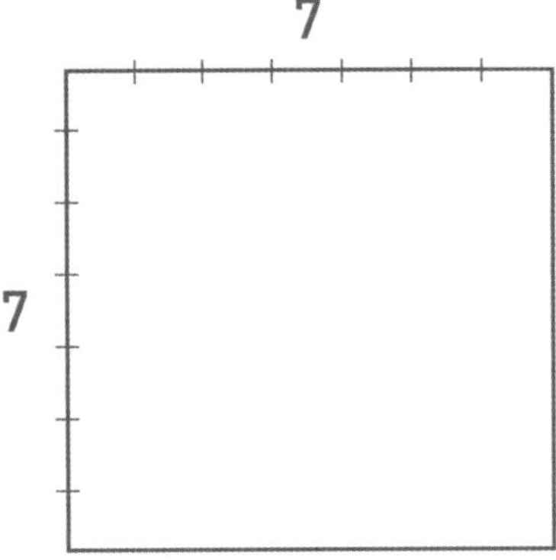

____

4

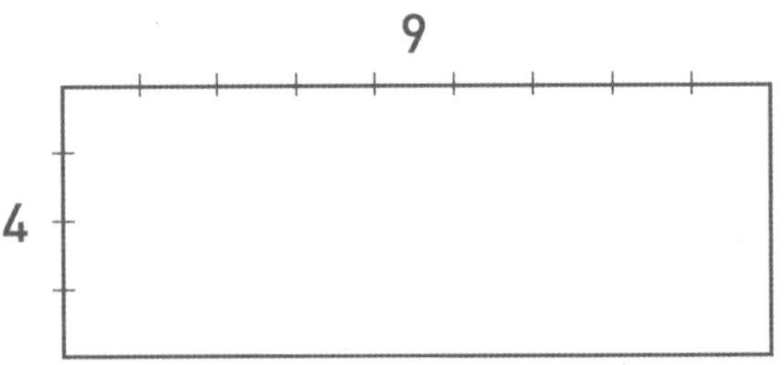

____

도형의 넓이 2

평행사변형의 넓이

직사각형의 넓이를 구하는 것은 별 어려움이 없었을 것이다. 그렇다면 평행사변형은 어떨까?

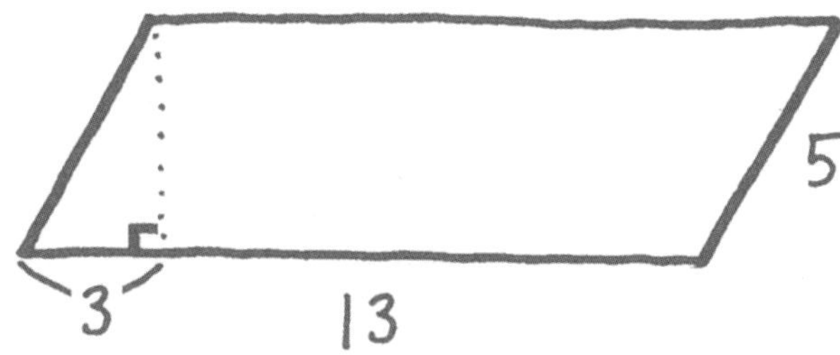

무심코 넓이가 13×5=65라고 대답하지 않았는가? 5도 물론 평행사변형의 한 변이지만, 평행사변형에서는 '한 변×한 변'의 공식을 사용할 수 없다. 이 평행사변형 안에 1×1짜리 벽돌을 다섯 단 쌓을 수는 없기 때문이다.

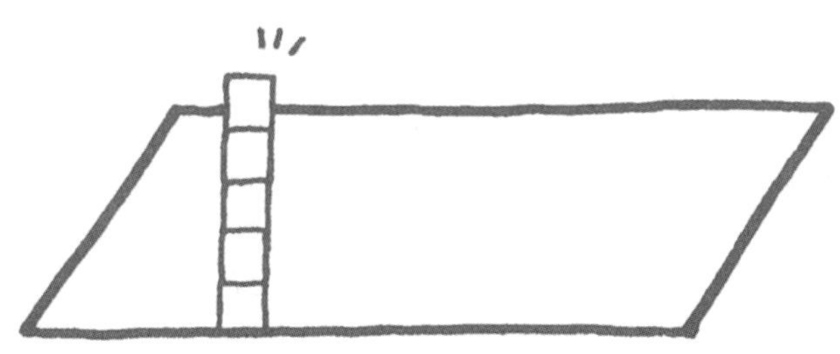

평행사변형은 직사각형이 위에서 눌려 기울어진 모양을 하고 있다.

직사각형의 모양이 기울어져서 벽돌을 제대로 쌓을 수가 없고, 따라서 정확한 넓이를 구할 수 없다. 앞에서 설명했듯이 넓이란 '1×1짜리 벽돌을 몇 장이나 쌓을 수 있는가'와 같기 때문이다.

그렇다면 평행사변형의 넓이를 구하려면 어떻게 해야 할까?

먼저 직사각형을 만들기 위해서 양쪽 모서리를 잘라 낸다.

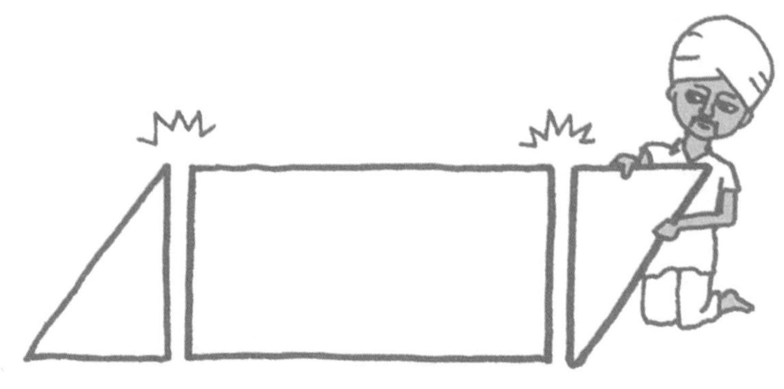

그리고 한쪽의 위치를 옮기면, 직사각형이 만들어진다.

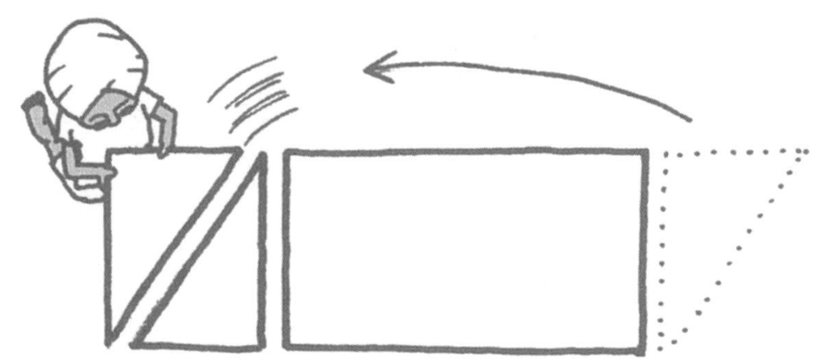

이제 한 변×한 변을 계산하면 넓이를 쉽게 구할 수 있다. 넓이를 추가하거나 빼지 않았기 때문에 원래 평행사변형의 넓이를 구하는 것과 마찬가지이다.

그런데 새롭게 만든 직사각형의 세로 길이는 어떻게 구하면 될까? 직사각형을 잘 살펴보면 앞에서 설명한 3 : 4 : 5의 삼각형이 숨어 있음을 알 수 있다.

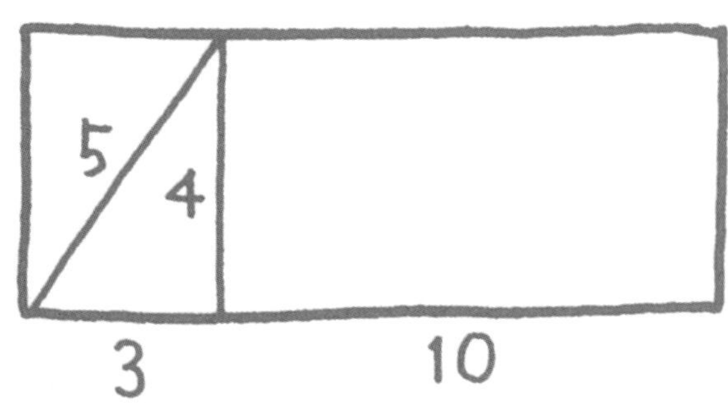

즉, 세로가 4이므로, 13 × 4 = 52로 넓이를 구할 수 있다.

연습문제

▶ 정답 : 137쪽

다음 평행사변형을 잘라서 직사각형을 만든 다음 넓이를 구해 보자.

2 5 : 12 : 13

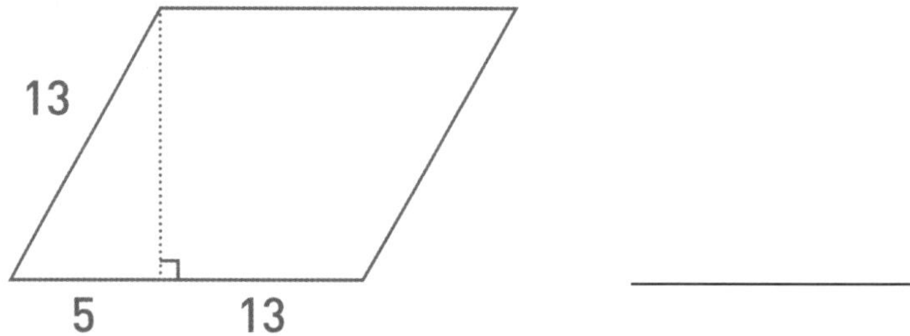

3 8 : 15 : 17

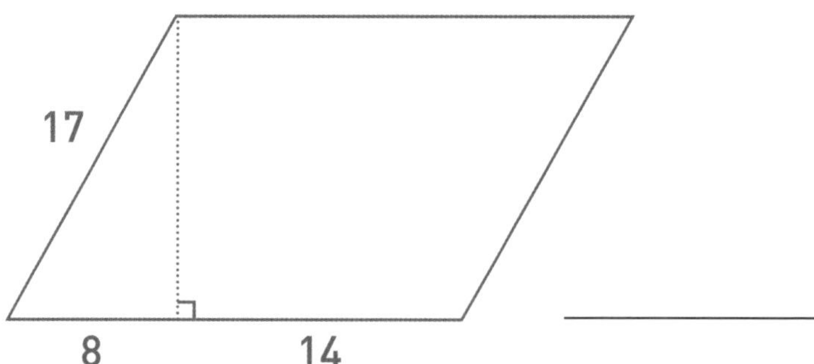

4 12 : 35 : 37

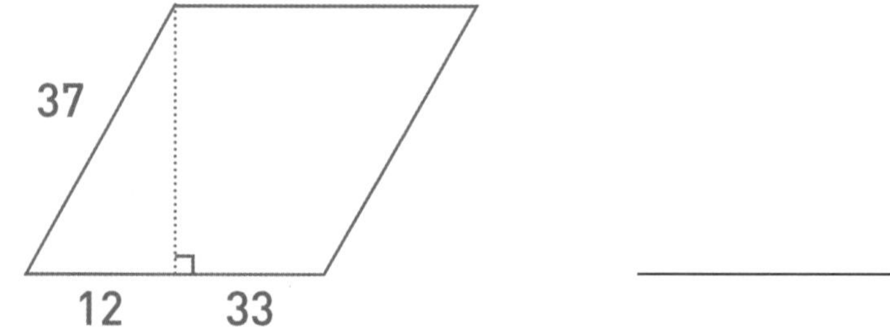

도형의 넓이 3

마름모의 넓이

마름모란 모든 변의 길이가 같은 평행사변형을 가리킨다. 학교에서는 마름모의 넓이를 구하는 공식을 '한 대각선×다른 대각선÷2'라고 배웠을 것이다. 삼각형도 아닌데 '÷2'가 왜 들어 있을까? 사실은 이 공식을 몰라도 넓이를 구할 수 있다.

다음 마름모의 넓이를 구해 보자.

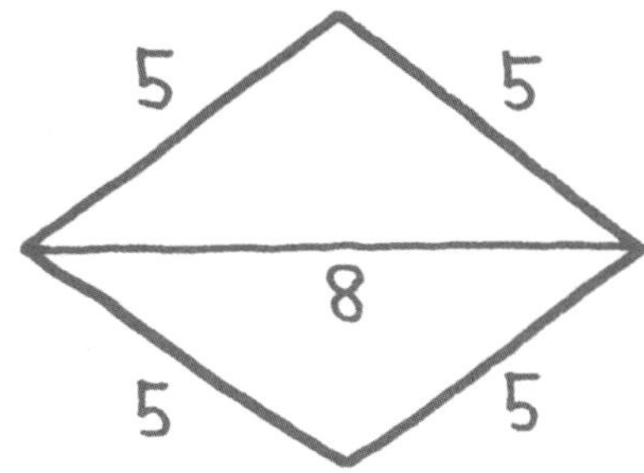

한 변의 길이가 5이긴 하지만, 5×5=25를 구하면 안 된다.

평행사변형과 마찬가지로 마름모를 조각내어 직사각형을 만들면 된다. 우선 앞의 그림처럼 잘라 보자. 어떻게 해야 직사각형이 될까?

새로 만들어진 직사각형의 세로 길이를 구해야 하는데, 여기에도 《술바수트라》의 기본 도형이 숨어 있다. 3 : 4 : 5의 비율을 대입하면 직사각형의 세로 길이 3이 나온다. 가로는 8이므로, 넓이는 3×8=24가 된다.

굳이 '한 대각선× 다른 대각선÷2'를 기억하지 않아도, 아래 그림에서 굵게 표시한 선 두 개의 길이를 알면 마름모의 넓이를 구할 수 있다.

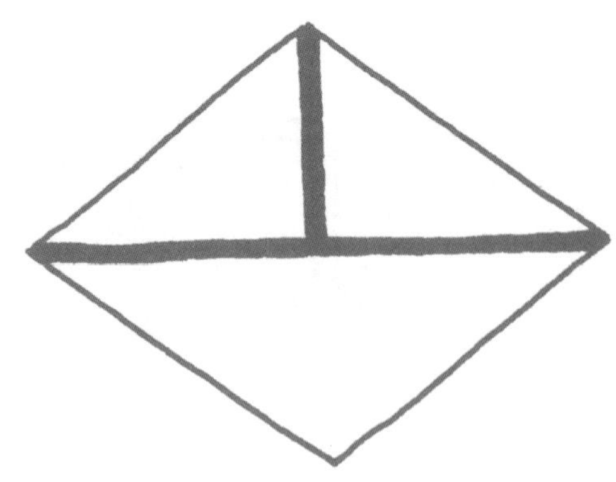

연습문제

▶ 정답 : 137쪽

다음 마름모의 넓이를 구해 보자.

1 3 : 4 : 5

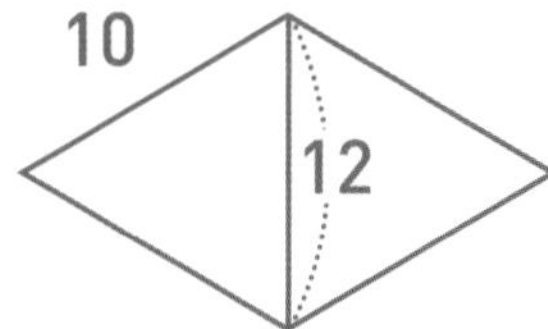

____

2 5 : 12 : 13

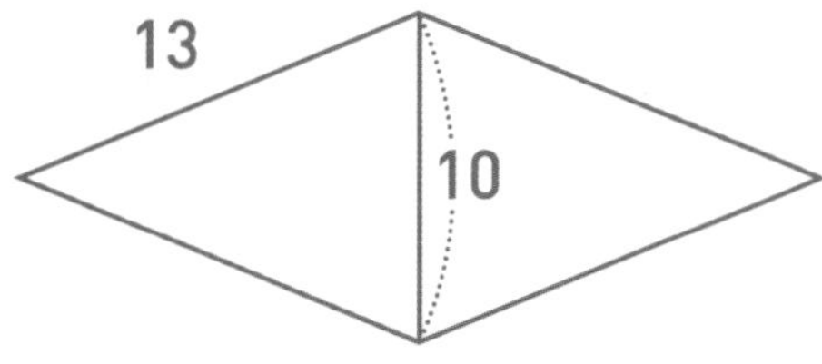

____

3 8 : 15 : 17

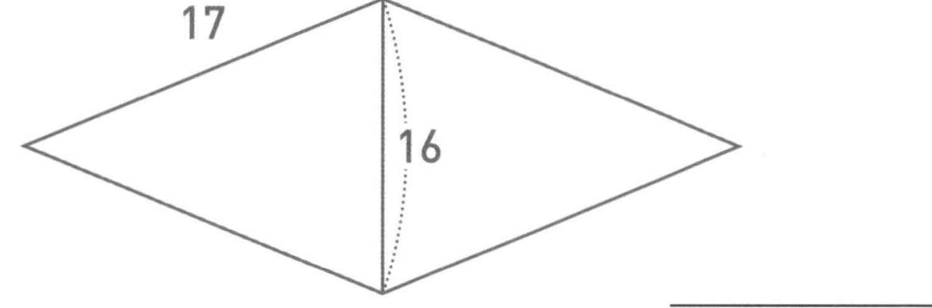

____

4 12 : 35 : 37

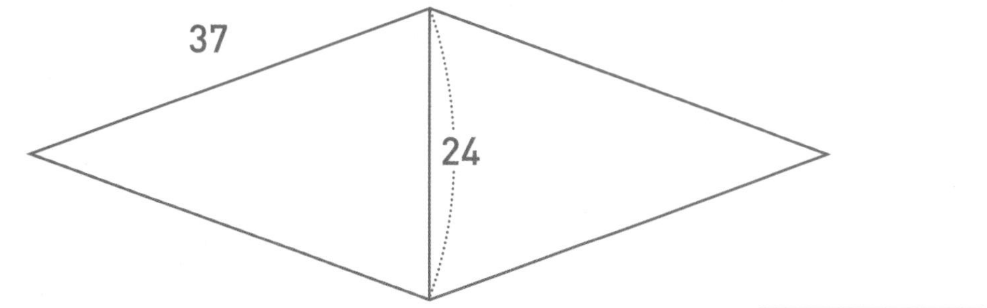

____

10
DAY

도형의 넓이 4

사다리꼴의 넓이

학교에서는 사다리꼴의 넓이를 구할 때 '(윗변+아랫변)×높이÷2'라는 공식을 사용한다. 공식을 외우지 않고 사다리꼴의 넓이를 구하는 방법은 없을까?

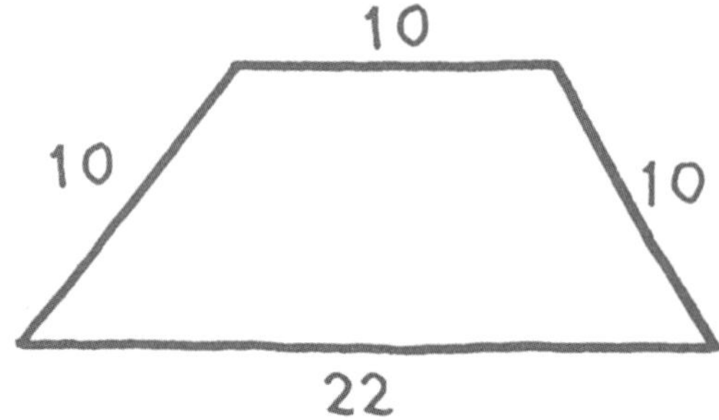

사다리꼴의 넓이를 구할 때는 똑같은 모양의 사다리꼴이 두 개 있다고 가정하면 간단하게 구할 수 있다.

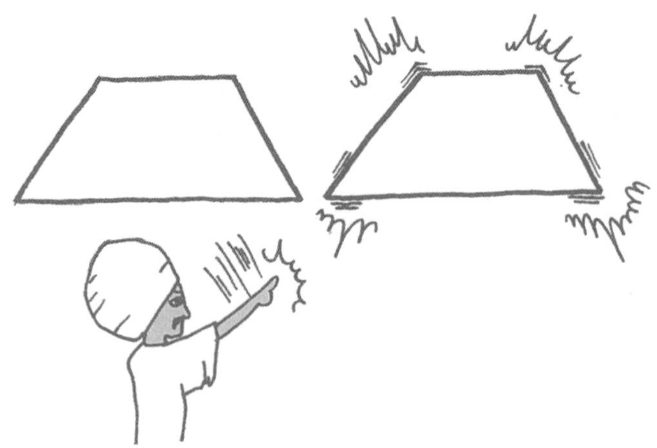

둘 중 하나를 뒤집은 다음 두 개를 서로 연결하면, 다음과 같은 평행사변형이 만들어진다.

이 사다리꼴에도 기본 삼각형 3 : 4 : 5가 숨어 있어서 높이를 쉽게 구할 수 있다.

결국 평행사변형의 아랫변은 10에 22를 더한 32이고 높이는 8이므로, 평행사변형의 넓이는 32 × 8 = 256이다.

그런데 이것은 원래 구하고자 하는 사다리꼴을 두 개 연결한 것이므로, 반으로 나누면 256 ÷ 2 = 128이 답이다.

제단 공사 중….

연습문제

▶ 정답 : 137쪽

다음 사다리꼴의 넓이를 구해 보자.

1 3 : 4 : 5

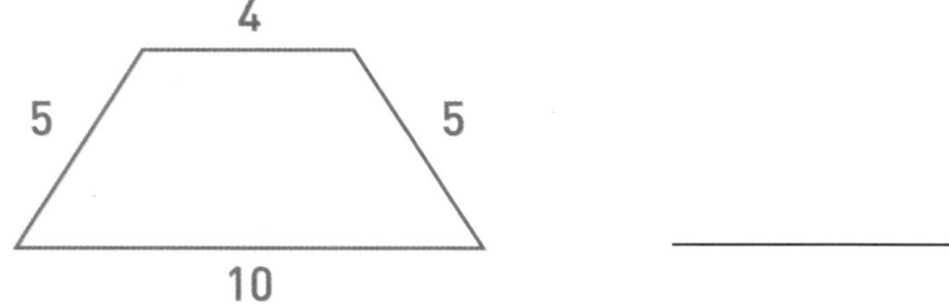

____

2 5 : 12 : 13

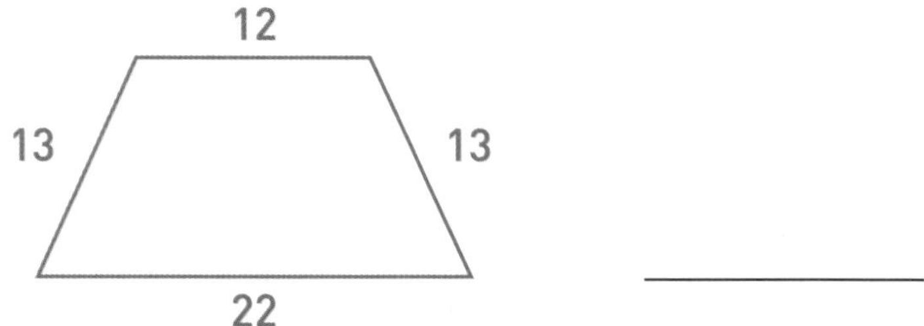

____

3 8 : 15 : 17

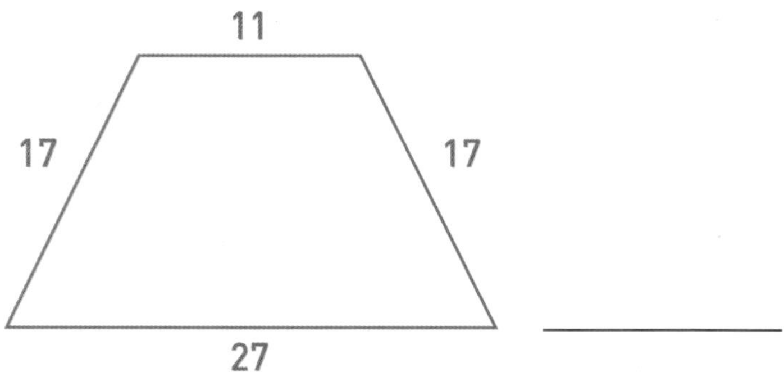

____

4 12 : 35 : 37

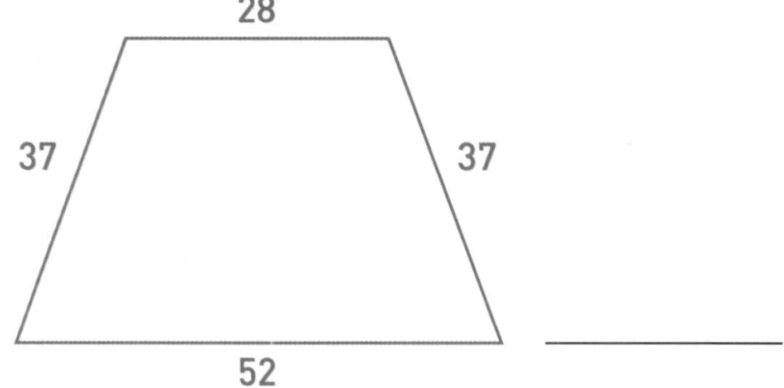

____

도형의 넓이 5

원의 넓이

10 DAY

원의 넓이를 구하는 공식 '반지름×반지름×3.14'는 기억하기가 쉽지 않다. 그런데 3.14, 즉 '원주율'이란 무엇일까? 복잡한 수 같지만 원리를 알면 아무것도 아니다.

고대 인도에서도 원주율이 얼마인지 알고 있었다. 원의 지름과 원주(圓周, 원둘레)의 관계를 아는 것이 매우 중요했기 때문이다. 예를 들어 나무를 자를 때 나무의 지름은 직접 잴 수 없지만, 둘레는 줄을 이용해서 쉽게 알아낼 수 있다. 또한 광장에 원형 제단을 만들어 주위에 줄을 두른다고 해 보자. 줄을 어느 정도 준비해야 하는지 원형 제단의 지름을 재서 바로 구할 수 있다면 편리할 것이다. 그래서 등장한 것이 원주율이다.

원주율이란 '지름과 원둘레의 비율'로서, 이론적으로 이끌어 낸 수가 아니라 지름과 원의 둘레를 비교하면 항상 3.14배가 된다는 경험에서 얻은 수이다.

이제 다음 원의 넓이를 구해 보자.

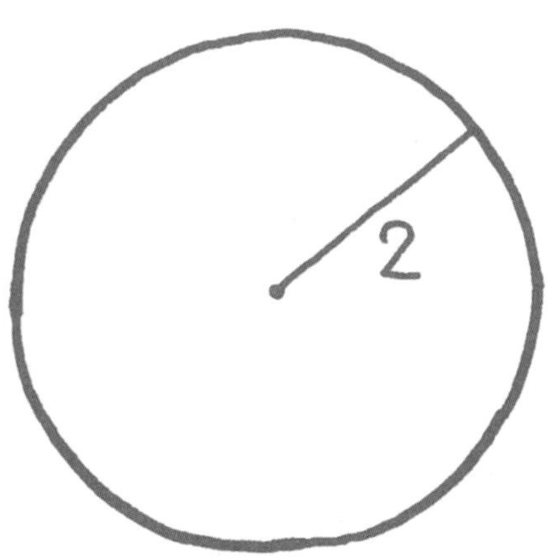

인도수학에서는 원의 넓이를 구할 때 항상 사각형으로 고쳐서 구한다. 원을 사각형으로 고친다는 것을 이해할 수 없겠지만, 얼마든지 가능하다.

먼저 원을 자전거 바퀴처럼 잘게 조각내 보자.

조각을 낸 원을 아래 그림처럼 귤을 까듯이 가른다.

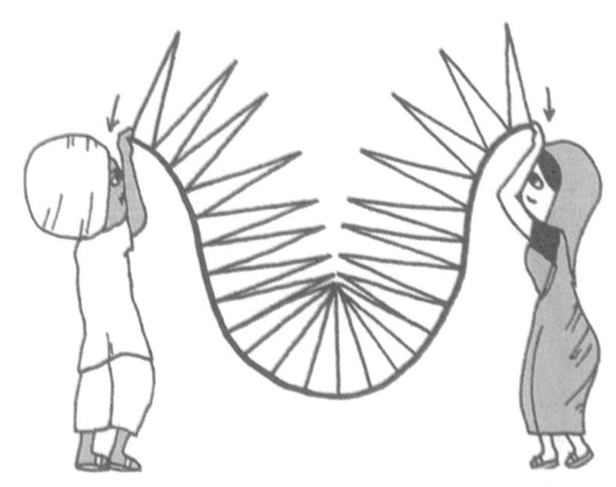

한가운데를 잘라 반으로 나눈 다음, 구분하기 쉽게 오른쪽에는 색칠을 해둔다.

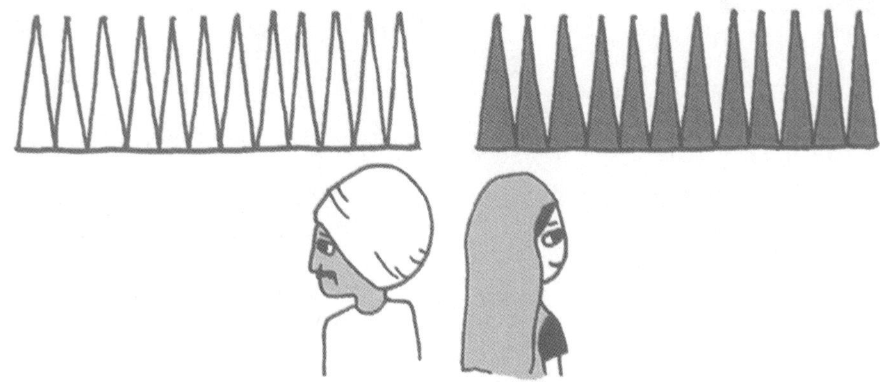

색칠한 오른쪽 부분을 거꾸로 뒤집어 왼쪽 부분에 끼워 넣는다.

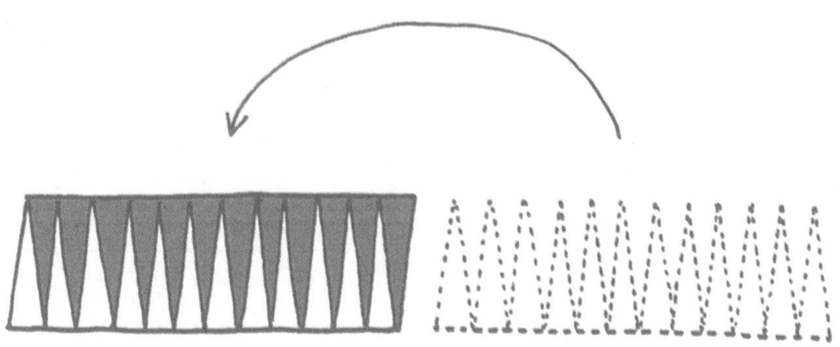

이제 이 사각형의 넓이를 구하면 그 값이 곧 구하고자 하는 원의 넓이가 된다.

세로의 길이는 반지름과 같으므로 2이다.

가로는 얼마일까? 원둘레의 반이다. 원둘레는 지름의 3.14배이므로, 가로 길이는 $4 \times 3.14 \div 2 = 6.28$이 된다. 그러므로 사각형, 즉 구하고자 하는 원의 넓이는 $2 \times 6.28 = 12.56$이다.

연습문제

▶ 정답 : 137쪽

다음 원의 넓이를 사각형으로 모양을 바꾸어서 구해 보자.(반원은 원의 넓이의 반이고, 중심각이 60도인 부채꼴은 360도의 $\frac{1}{6}$이므로 6으로 나누면 된다.)

1 반지름이 3인 원

2 반지름이 6인 원

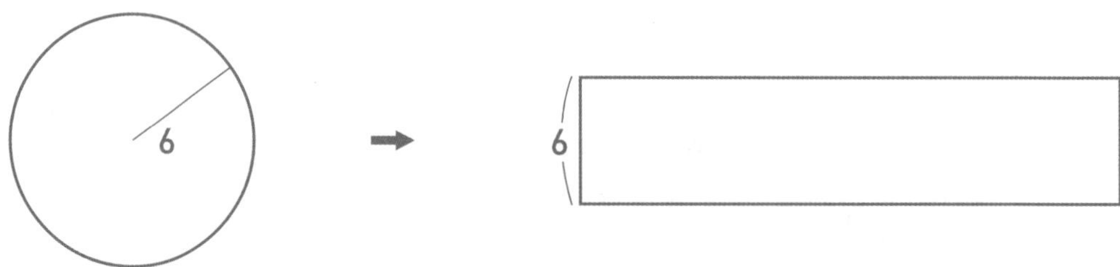

3 반지름이 2인 반원

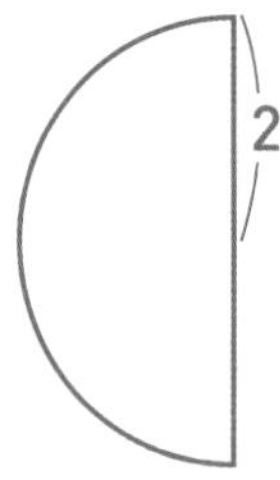

4 반지름이 3이고, 중심각의 크기가 60도인 부채꼴

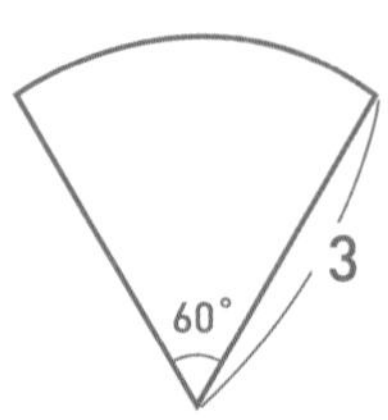

정답

정답

16쪽

1 6×9=54

2 7×7=49

3 8×6=48

4 9×7=63

19~20쪽

1 9×1=9

2 9×2=18

3 9×3=27

4 9×4=36

5 9×5=45

6 9×6=54

7 9×7=63

8 9×8=72

9 9×9=81

10 9×10=90

22쪽

1 12×14=168

2 13×15=195

3 11×11=121

4 14×14=196

26~27쪽

1 3×4=12

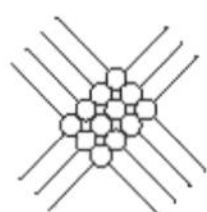

2 7×9=63

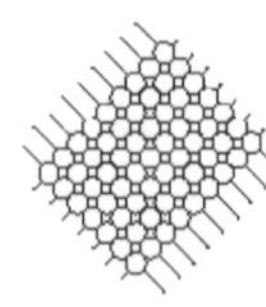

3 13×17=221

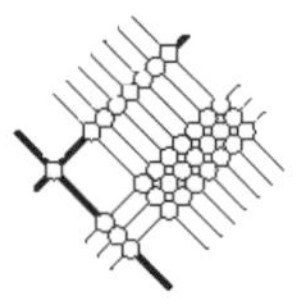

4 21×43=903

5 132×43=5676

6 215×32=6880

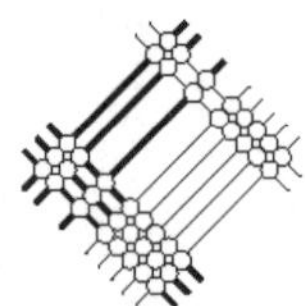

31~32쪽

1 34×7=238

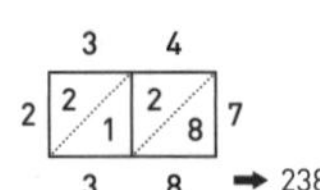

2 84×6=504

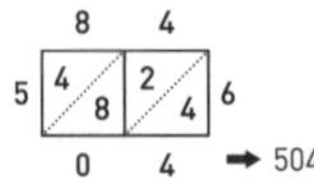

3 32×56=1792

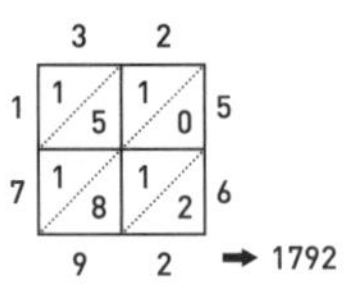

4 93×44=4092

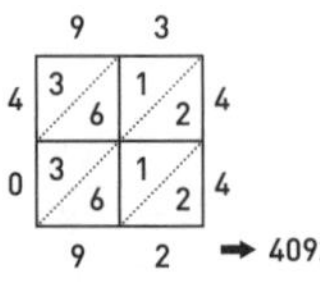

5 134×845=113230

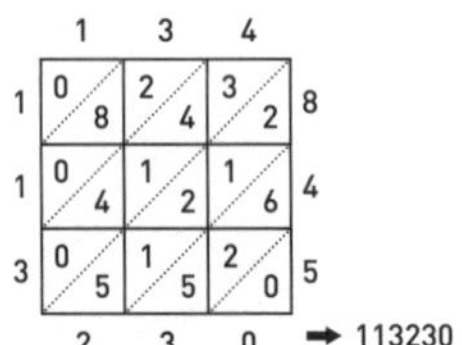

6 326×892=290792

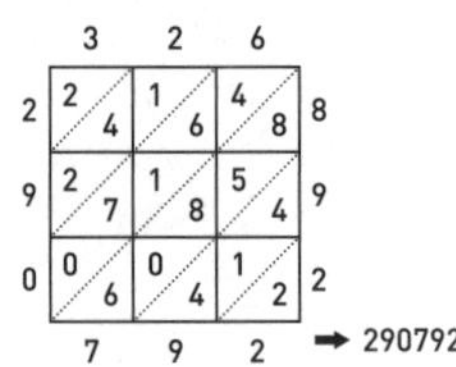

7 1394×4529=6313426

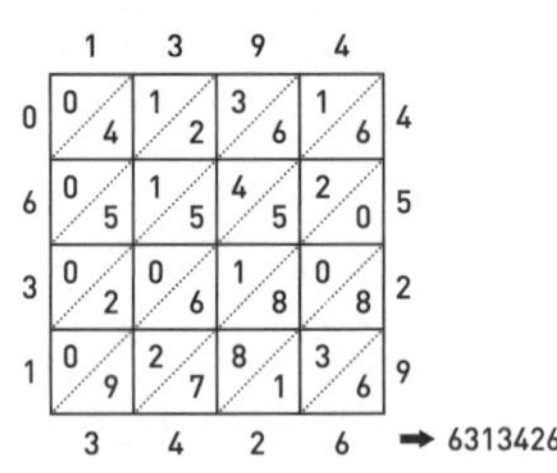

8 9341×8452=78950132

	9	3	4	1	
7	7/2	2/4	3/2	0/8	8
8	3/6	1/2	1/6	0/4	4
9	4/5	1/5	2/0	0/5	5
5	1/8	0/6	0/8	0/2	2
	0	1	3	2	➡ 78950132

정답

37쪽

1 13452번째 사람 = 6번 자리

13452 → 1+3+4+5+2=15

15 → 1 + 5 = 6

2 83423번째 사람 = 2번 자리

83423 → 8+3+4+2+3=20

20 → 2 + 0 = 2

3 93214번째 사람 = 1번 자리

93214 → 9+3+2+1+4=19

19 → 1 + 9 = 10

10 → 1 + 0 = 1

4 19344543번째 사람 = 6번 자리

19344543 → 1+9+3+4+4+5+4+3=33

33 → 3+3=6

40~41쪽

1 $\frac{1}{13}$

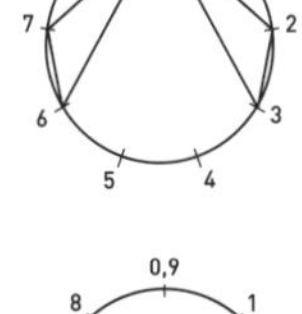

2 $\frac{2}{13}$

3 $\frac{3}{13}$

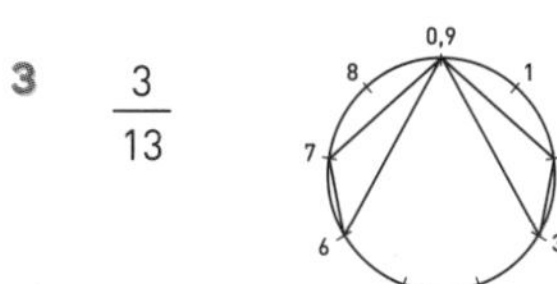

4 $\frac{4}{13}$

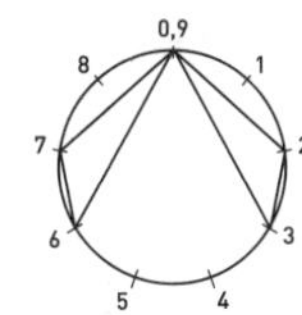

5 $\frac{5}{13}$

44~48쪽

1

	1	2	3	4	5	6	7	8	9
1	①	2	3	4	5	6	7	8	9
2	2	4	6	8	①	3	5	7	9
3	3	6	9	3	6	9	3	6	9
4	4	8	3	7	2	6	①	5	9
5	5	①	6	2	7	3	8	4	9
6	6	3	9	6	3	9	6	3	9
7	7	5	3	①	8	6	4	2	9
8	8	7	6	5	4	3	2	①	9
9	9	9	9	9	9	9	9	9	9

2

	1	2	3	4	5	6	7	8	9
1	1	②	3	4	5	6	7	8	9
2	②	4	6	8	1	3	5	7	9
3	3	6	9	3	6	9	3	6	9
4	4	8	3	7	②	6	1	5	9
5	5	1	6	②	7	3	8	4	9
6	6	3	9	6	3	9	6	3	9
7	7	5	3	1	8	6	4	②	9
8	8	7	6	5	4	3	②	1	9
9	9	9	9	9	9	9	9	9	9

3

	1	2	3	4	5	6	7	8	9
1	1	2	③	4	5	6	7	8	9
2	2	4	6	8	1	③	5	7	9
3	③	6	9	③	6	9	③	6	9
4	4	8	③	7	2	6	1	5	9
5	5	1	6	2	7	③	8	4	9
6	6	③	9	6	③	9	6	③	9
7	7	5	③	1	8	6	4	2	9
8	8	7	6	5	4	③	2	1	9
9	9	9	9	9	9	9	9	9	9

4

	1	2	3	4	5	6	7	8	9
1	1	2	3	④	5	6	7	8	9
2	2	④	6	8	1	3	5	7	9
3	3	6	9	3	6	9	3	6	9
4	④	8	3	7	2	6	1	5	9
5	5	1	6	2	7	3	8	④	9
6	6	3	9	6	3	9	6	3	9
7	7	5	3	1	8	6	④	2	9
8	8	7	6	5	④	3	2	1	9
9	9	9	9	9	9	9	9	9	9

5

	1	2	3	4	5	6	7	8	9
1	1	2	3	4	⑤	6	7	8	9
2	2	4	6	8	1	3	⑤	7	9
3	3	6	9	3	6	9	3	6	9
4	4	8	3	7	2	6	1	⑤	9
5	⑤	1	6	2	7	3	8	4	9
6	6	3	9	6	3	9	6	3	9
7	7	⑤	3	1	8	6	4	2	9
8	8	7	6	⑤	4	3	2	1	9
9	9	9	9	9	9	9	9	9	9

6

	1	2	3	4	5	6	7	8	9
1	1	2	3	4	5	⑥	7	8	9
2	2	4	⑥	8	1	3	5	7	9
3	3	⑥	9	3	⑥	9	3	⑥	9
4	4	8	3	7	2	⑥	1	5	9
5	5	1	⑥	2	7	3	8	4	9
6	⑥	3	9	⑥	3	9	⑥	3	9
7	7	5	3	1	8	⑥	4	2	9
8	8	7	⑥	5	4	3	2	1	9
9	9	9	9	9	9	9	9	9	9

7

	1	2	3	4	5	6	7	8	9
1	1	2	3	4	5	6	⑦	8	9
2	2	4	6	8	1	3	5	⑦	9
3	3	6	9	3	6	9	3	6	9
4	4	8	3	⑦	2	6	1	5	9
5	5	1	6	2	⑦	3	8	4	9
6	6	3	9	6	3	9	6	3	9
7	⑦	5	3	1	8	6	4	2	9
8	8	⑦	6	5	4	3	2	1	9
9	9	9	9	9	9	9	9	9	9

8

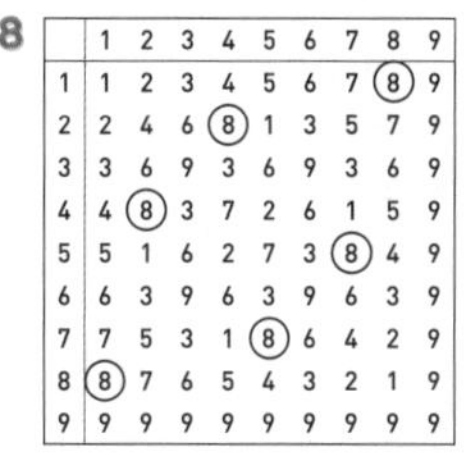

	1	2	3	4	5	6	7	8	9
1	1	2	3	4	5	6	7	⑧	9
2	2	4	6	⑧	1	3	5	7	9
3	3	6	9	3	6	9	3	6	9
4	4	⑧	3	7	2	6	1	5	9
5	5	1	6	2	7	3	⑧	4	9
6	6	3	9	6	3	9	6	3	9
7	7	5	3	1	⑧	6	4	2	9
8	⑧	7	6	5	4	3	2	1	9
9	9	9	9	9	9	9	9	9	9

9

	1	2	3	4	5	6	7	8	9
1	1	2	3	4	5	6	7	8	⑨
2	2	4	6	8	1	3	5	7	⑨
3	3	6	⑨	3	6	⑨	3	6	⑨
4	4	8	3	7	2	6	1	5	⑨
5	5	1	6	2	7	3	8	4	⑨
6	6	3	⑨	6	3	⑨	6	3	⑨
7	7	5	3	1	8	6	4	2	⑨
8	8	7	6	5	4	3	2	1	⑨
9	⑨	⑨	⑨	⑨	⑨	⑨	⑨	⑨	⑨

정답

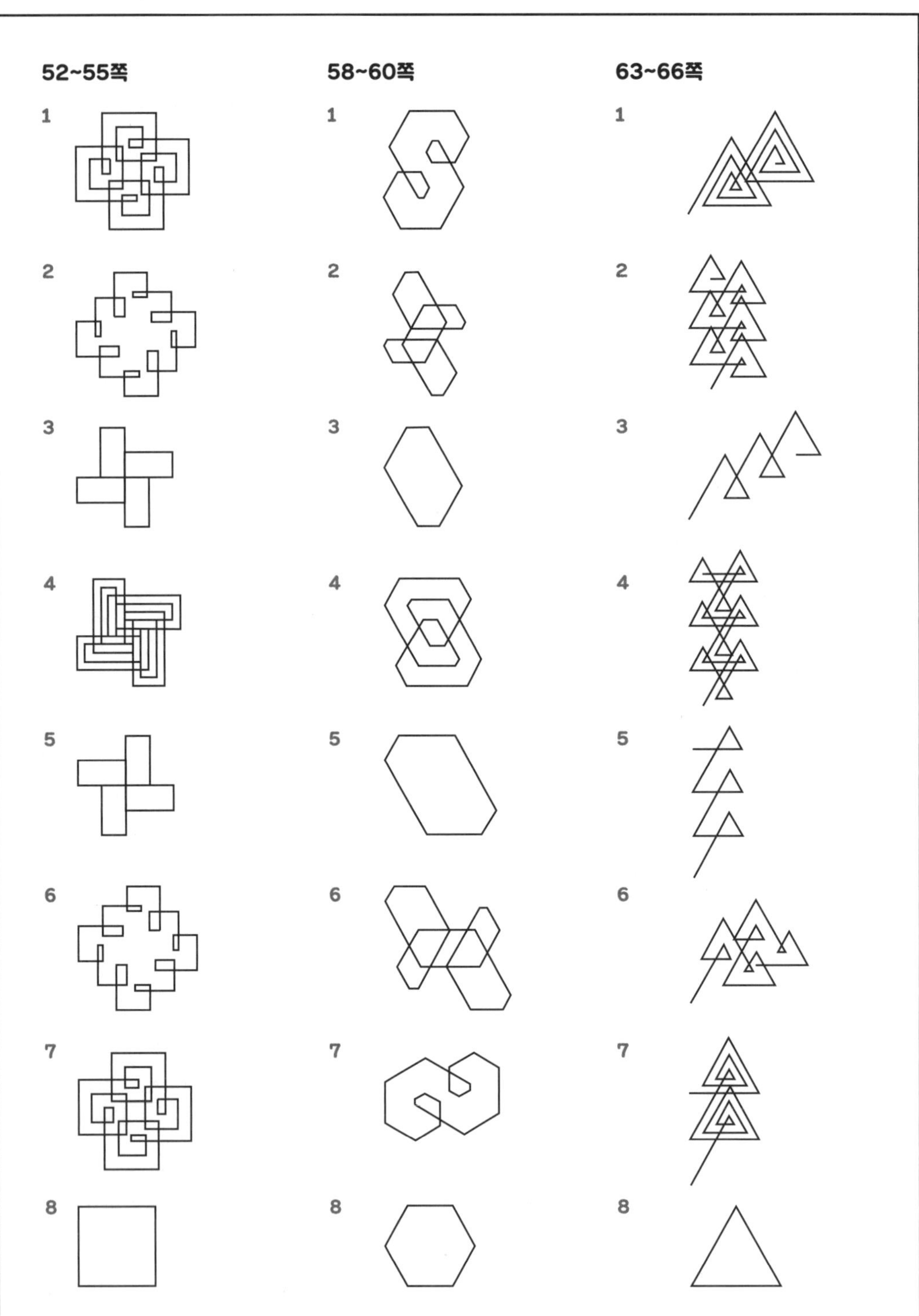

52~55쪽
1
2
3
4
5
6
7
8
58~60쪽
1
2
3
4
5
6
7
8
63~66쪽
1
2
3
4
5
6
7
8

정답

76쪽

1 11×13=143
2 12×17=204
3 14×16=224
4 13×18=234

80쪽

1 35×38=1330
2 52×57=2964
3 81×87=7047
4 91×92=8372

84쪽

1 27×23=621
2 41×49=2009
3 64×66=4224
4 97×93=9021

87쪽

1 29×89=2581
2 31×71=2201
3 66×46=3036
4 93×13=1209

91쪽

1 25×42=1050
2 88×15=1320
3 35×54=1890
4 98×55=5390

96쪽

1 92×95=8740
2 91×98=8918
3 93×97=9021
4 96×96=9216

99쪽

1 77×98=7546
2 68×81=5508
3 69×91=6279
4 79×82=6478

102쪽

1 42×48=2016
2 46×49=2254
3 26×29=754
4 66×63=4158

106쪽

1 95×103=9785
2 48×57=2736
3 91×106=9646
4 44×51=2244

109쪽

1 104×107=11128
2 121×129=15609
3 203×204=41412
4 507×503=255021

112쪽

1 4532×47=213004
2 3243×86=278898
3 5034×35=176190
4 7325×93=681225

117쪽

1 5
2 13
3 17
4 37

118쪽

1 12
2 60
3 49
4 36

122쪽

1 44
2 216
3 330
4 1575

125쪽

1 96
2 120
3 240
4 840

128쪽

1 28
2 204
3 285
4 1400

132쪽

1 28.26
2 113.04
3 6.28
4 4.71

지은이 **마키노 다케후미**
과학 전문 저술가. 지은 책으로《계산이 빨라지는 인도 베다수학》,《도형이 쉬워지는 인도 베다수학》,《구글의 철학》 등이 있다.

감수 **비바우 칸트 우파데아에**
1969년 인도에서 태어나 도쿄 대학 정보과학과 대학원에서 수학과 컴퓨터사이언스를 공부하고, 동 대학 연구원을 역임했다. 1996년 인도센터를 설립하여 인도의 문화를 알리는 데 힘쓰고 있다.

감수 **가도쿠라 다카시**
1995년 게이오기주쿠대학 경제학부를 졸업했다. 하마긴종합연구소, 일본경제연구센터, 싱가포르 동남아시아연구소(ISEAS), 다이이치생명경제연구소를 거쳐 BRICs 경제 연구소 대표를 맡고 있다. 지은 책으로는《꼬리에 꼬리를 무는 도미노 경제학》,《인도 리포트》,《숫자의 이면을 귀신같이 읽는 힘 통계센스》 등이 있다.

일러스트 **노마치 미네코**

옮긴이 **고선윤**
서울대학교 동양사학과를 졸업하고 한국외국어대학교 일어일문학과 박사 과정을 수료했다. 옮긴 책으로는《계산이 빨라지는 인도 베다수학》,《도형이 쉬워지는 인도 베다수학》,《수학의 언어로 세상을 본다면》 등이 있다.

도형이 쉬워지는 인도 베다수학
기적의 계산법

1판 1쇄 펴낸 날 2023년 2월 10일
1판 2쇄 펴낸 날 2023년 10월 30일

지은이 마키노 다케후미
감수 비바우 칸트 우파데아에, 가도쿠라 다카시
옮긴이 고선윤

펴낸이 박윤태
펴낸곳 보누스
등록 2001년 8월 17일 제313-2002-179호
주소 서울시 마포구 동교로12안길 31 보누스 4층
전화 02-333-3114
팩스 02-3143-3254
이메일 viking@bonusbook.co.kr
블로그 http://blog.naver.com/vikingbook

ISBN 978-89-6494-604-6 03410

* 이 책은《도형이 쉬워지는 인도 베다수학》의 개정판입니다.

바이킹은 보누스출판사의 어린이책 브랜드입니다.

• 책값은 뒤표지에 있습니다.

부록

19 × 19단

① 곱셈표를 점선에 맞추어 잘라요.

* 주의! 가위로 자를 때는 다치지 않게 조심해요.

② 친구에게 문제를 내 보세요.
함께 구구단 놀이를 할 수 있어요.

2 × 1 = 2
2 × 2 = 4
2 × 3 = 6
2 × 4 = 8
2 × 5 = 10
2 × 6 = 12
2 × 7 = 14
2 × 8 = 16
2 × 9 = 18
2 × 10 = 20
2 × 11 = 22
2 × 12 = 24
2 × 13 = 26
2 × 14 = 28
2 × 15 = 30
2 × 16 = 32
2 × 17 = 34
2 × 18 = 36
2 × 19 = 38

3 × 1 = 3
3 × 2 = 6
3 × 3 = 9
3 × 4 = 12
3 × 5 = 15
3 × 6 = 18
3 × 7 = 21
3 × 8 = 24
3 × 9 = 27
3 × 10 = 30
3 × 11 = 33
3 × 12 = 36
3 × 13 = 39
3 × 14 = 42
3 × 15 = 45
3 × 16 = 48
3 × 17 = 51
3 × 18 = 54
3 × 19 = 57

4 × 1 = 4
4 × 2 = 8
4 × 3 = 12
4 × 4 = 16
4 × 5 = 20
4 × 6 = 24
4 × 7 = 28
4 × 8 = 32
4 × 9 = 36
4 × 10 = 40
4 × 11 = 44
4 × 12 = 48
4 × 13 = 52
4 × 14 = 56
4 × 15 = 60
4 × 16 = 64
4 × 17 = 68
4 × 18 = 72
4 × 19 = 76

5 × 1 = 5
5 × 2 = 10
5 × 3 = 15
5 × 4 = 20
5 × 5 = 25
5 × 6 = 30
5 × 7 = 35
5 × 8 = 40
5 × 9 = 45
5 × 10 = 50
5 × 11 = 55
5 × 12 = 60
5 × 13 = 65
5 × 14 = 70
5 × 15 = 75
5 × 16 = 80
5 × 17 = 85
5 × 18 = 90
5 × 19 = 95

6 × 1 = 6
6 × 2 = 12
6 × 3 = 18
6 × 4 = 24
6 × 5 = 30
6 × 6 = 36
6 × 7 = 42
6 × 8 = 48
6 × 9 = 54
6 × 10 = 60
6 × 11 = 66
6 × 12 = 72
6 × 13 = 78
6 × 14 = 84
6 × 15 = 90
6 × 16 = 96
6 × 17 = 102
6 × 18 = 108
6 × 19 = 114

7 × 1 = 7
7 × 2 = 14
7 × 3 = 21
7 × 4 = 28
7 × 5 = 35
7 × 6 = 42
7 × 7 = 49
7 × 8 = 56
7 × 9 = 63
7 × 10 = 70
7 × 11 = 77
7 × 12 = 84
7 × 13 = 91
7 × 14 = 98
7 × 15 = 105
7 × 16 = 112
7 × 17 = 119
7 × 18 = 126
7 × 19 = 133

8 × 1 = 8
8 × 2 = 16
8 × 3 = 24
8 × 4 = 32
8 × 5 = 40
8 × 6 = 48
8 × 7 = 56
8 × 8 = 64
8 × 9 = 72
8 × 10 = 80
8 × 11 = 88
8 × 12 = 96
8 × 13 = 104
8 × 14 = 112
8 × 15 = 120
8 × 16 = 128
8 × 17 = 136
8 × 18 = 144
8 × 19 = 152

9 × 1 = 9
9 × 2 = 18
9 × 3 = 27
9 × 4 = 36
9 × 5 = 45
9 × 6 = 54
9 × 7 = 63
9 × 8 = 72
9 × 9 = 81
9 × 10 = 90
9 × 11 = 99
9 × 12 = 108
9 × 13 = 117
9 × 14 = 126
9 × 15 = 135
9 × 16 = 144
9 × 17 = 153
9 × 18 = 162
9 × 19 = 171

10 × 1 = 10
10 × 2 = 20
10 × 3 = 30
10 × 4 = 40
10 × 5 = 50
10 × 6 = 60
10 × 7 = 70
10 × 8 = 80
10 × 9 = 90
10 × 10 = 100
10 × 11 = 110
10 × 12 = 120
10 × 13 = 130
10 × 14 = 140
10 × 15 = 150
10 × 16 = 160
10 × 17 = 170
10 × 18 = 180
10 × 19 = 190

11 × 1 = 11
11 × 2 = 22
11 × 3 = 33
11 × 4 = 44
11 × 5 = 55
11 × 6 = 66
11 × 7 = 77
11 × 8 = 88
11 × 9 = 99
11 × 10 = 110
11 × 11 = 121
11 × 12 = 132
11 × 13 = 143
11 × 14 = 154
11 × 15 = 165
11 × 16 = 176
11 × 17 = 187
11 × 18 = 198
11 × 19 = 209

12 × 1 = 12
12 × 2 = 24
12 × 3 = 36
12 × 4 = 48
12 × 5 = 60
12 × 6 = 72
12 × 7 = 84
12 × 8 = 96
12 × 9 = 108
12 × 10 = 120
12 × 11 = 132
12 × 12 = 144
12 × 13 = 156
12 × 14 = 168
12 × 15 = 180
12 × 16 = 192
12 × 17 = 204
12 × 18 = 216
12 × 19 = 228

13 × 1 = 13
13 × 2 = 26
13 × 3 = 39
13 × 4 = 52
13 × 5 = 65
13 × 6 = 78
13 × 7 = 91
13 × 8 = 104
13 × 9 = 117
13 × 10 = 130
13 × 11 = 143
13 × 12 = 156
13 × 13 = 169
13 × 14 = 182
13 × 15 = 195
13 × 16 = 208
13 × 17 = 221
13 × 18 = 234
13 × 19 = 247

14 × 1 = 14
14 × 2 = 28
14 × 3 = 42
14 × 4 = 56
14 × 5 = 70
14 × 6 = 84
14 × 7 = 98
14 × 8 = 112
14 × 9 = 126
14 × 10 = 140
14 × 11 = 154
14 × 12 = 168
14 × 13 = 182
14 × 14 = 196
14 × 15 = 210
14 × 16 = 224
14 × 17 = 238
14 × 18 = 252
14 × 19 = 266

15 × 1 = 15
15 × 2 = 30
15 × 3 = 45
15 × 4 = 60
15 × 5 = 75
15 × 6 = 90
15 × 7 = 105
15 × 8 = 120
15 × 9 = 135
15 × 10 = 150
15 × 11 = 165
15 × 12 = 180
15 × 13 = 195
15 × 14 = 210
15 × 15 = 225
15 × 16 = 240
15 × 17 = 255
15 × 18 = 270
15 × 19 = 285

16 × 1 = 16
16 × 2 = 32
16 × 3 = 48
16 × 4 = 64
16 × 5 = 80
16 × 6 = 96
16 × 7 = 112
16 × 8 = 128
16 × 9 = 144
16 × 10 = 160
16 × 11 = 176
16 × 12 = 192
16 × 13 = 208
16 × 14 = 224
16 × 15 = 240
16 × 16 = 256
16 × 17 = 272
16 × 18 = 288
16 × 19 = 304

17 × 1 = 17
17 × 2 = 34
17 × 3 = 51
17 × 4 = 68
17 × 5 = 85
17 × 6 = 102
17 × 7 = 119
17 × 8 = 136
17 × 9 = 153
17 × 10 = 170
17 × 11 = 187
17 × 12 = 204
17 × 13 = 221
17 × 14 = 238
17 × 15 = 255
17 × 16 = 272
17 × 17 = 289
17 × 18 = 306
17 × 19 = 323

18 × 1 = 18
18 × 2 = 36
18 × 3 = 54
18 × 4 = 72
18 × 5 = 90
18 × 6 = 108
18 × 7 = 126
18 × 8 = 144
18 × 9 = 162
18 × 10 = 180
18 × 11 = 198
18 × 12 = 216
18 × 13 = 234
18 × 14 = 252
18 × 15 = 270
18 × 16 = 288
18 × 17 = 306
18 × 18 = 324
18 × 19 = 342

19 × 1 = 19
19 × 2 = 38
19 × 3 = 57
19 × 4 = 76
19 × 5 = 95
19 × 6 = 114
19 × 7 = 133
19 × 8 = 152
19 × 9 = 171
19 × 10 = 190
19 × 11 = 209
19 × 12 = 228
19 × 13 = 247
19 × 14 = 266
19 × 15 = 285
19 × 16 = 304
19 × 17 = 323
19 × 18 = 342
19 × 19 = 361

연습장

연습장

연습장

연습장

연습장

연습장